수식 없이 술술 **양자물리**

LA QUANTIQUE AUTREMENT: Garanti sans équation!

© Flammarion, Paris, 2020

Korean translation Copyright © 2023 Book's Hill Publishing

Arranged through Icarias Agency, Seoul

수식 없이 술술 양자물리

초판 1쇄 발행 | 2023년 4월 20일
초판 2쇄 발행 | 2023년 10월 25일

지은이 | 쥘리앙 보브로프
옮긴이 | 김희라
감수자 | 이재일
펴낸이 | 조승식
펴낸곳 | 도서출판 북스힐
등록 | 1998년 7월 28일 제22-457호
주소 | 01043 서울시 강북구 한천로 153길 17
전화 | 02-994-0071
팩스 | 02-994-0073
블로그 | blog.naver.com/booksgogo
이메일 | bookshill@bookshill.com

ISBN 979-11-5971-501-3
정가 18,000원

• 잘못된 책은 구입하신 서점에서 바꿔드립니다.

수식 없이 술술 양자물리

Quantum Physics

질리앙 보브로프 **지음**

김희라 **옮김 · 이재일** 감수

북스힐

왜 양자물리학을 이해해야 할까?

'왜 양자물리학을 이해해야 할까?' 이것은 프랑스 릴(Lille) 문화센터 측이 내게 제안한 초심자 대상 강연회의 주제다. 어쨌든 이것은 물어볼 가치가 있다. 물리학을 전공하려는 게 아닌데 이렇게 어려운 주제에 왜 접근해야 할까? 그리고 왜 이 책을 읽어야 할까? 호기심으로? 모임에서 잘나 보이려고? 양자 컴퓨터가 우리 세계를 혁신할 것인지 알아보려고? 초자연적 현상의 경계에 있는 이상 현상을 발견하려고?

어쩌면 모두 다일 수도 있다. 양자물리학은 분명 인간의 사고에서 비롯된 가장 아름다운 건축물 중 하나다. 이 보이지 않는 세계를 우리는 조금씩 이해하게 되었고, 심지어 제어하기에 이르렀다. 그러나 이 '왜'라는 질문 뒤에 숨어 있는 더 까다로운 질문은 바로 '양자물리학을 어떻게 이해할 것인가'이다.

고등학교 물리학 시간으로 다시 돌아가야 할까? 레이저와 저온 유지 장치를 결합한 정밀한 실험을 해석해야 할까? 수학을 견뎌내고 선형대수의 기초를 배워야 할까? 아니다. 양자물리학은 방정식 없이, 심지어 과학에 대한 기초 지식 없이도 이해할 수 있다고 나는 확신한다.

이 학문의 기본 개념들은 간단한 비유를 통해 설명되므로 이해하지 못할까 봐 걱정할 이유가 전혀 없다. 우리가 신뢰하는 곳에 거대한 난관이란 존재하지 않는다. 양자물리학을 이해하기 어렵다면, 그것은 이 학문이 우리의 가장 근본적인 직관에 깊은 의문을 던지기 때문이다.

당신은 주어진 순간에 모든 물체가 잘 정의된 공간에 있다고 생각하는가?

당신은 모든 물체가 우리의 고유한 인식으로부터 독립된 존재라고 생각하는가?

당신은 어떠한 결과라도 그에 대응하는 원인이 있다고 생각하는가?

당신은 몇 킬로미터 떨어진 두 물체가 즉시 서로 영향을 주고받을 수 없다고 믿는가?

매번 양자물리학은 그 반대임을 보여준다. 바로 이 점 때문에 이 학문이 흥미진진한 동시에 당혹스러우며, 그래서 이 학문을 설명하기가 아주 까다롭다. 여러 강연과 교육을 계기로 나는 초심자들이 가장 어렵게 생각하는 것을 알게 되었다. 그들은 과학 현상을 상상하기, 즉 원자 차원에서 실제로 일어나는 일을 머릿속 이미지로 그려내는 것을 어려워한다.

'이미지로 그려내기'가 바로 우리가 함께 도전할 과제다. 이를 위해 나는 경험상 가장 효과적인 설명을 우선 채택할 것이다. 그래서 우리와 동행할 여섯 분의 재능 있는 삽화가를 선택했다. 이들은 모두 과학 미술을 전공했다. 각 장에서 이들 중 한 삽화가가 문제의 물리학을 '보는' 독창적 방식을 우리에게 제안할 것이다.

이제 우리는 이 기념비적 학문을 한 걸음씩 마주할 준비가 되었다. 각 장에서 여러분은 새로운 개념과 그것을 적용한 사례들을 발견할 것이다. 나는 또한 여러분에게 연구실에서 나온 최신 실험 중 커다란 슈뢰딩거 고양이, 상온 초전도체, 양자 컴퓨터 그리고 양자 얽힘을 이용하는 유럽 울새 등의 사례를 소개할 것이다.

이 여행이 때로는 힘들어 여러분은 분명 길 위에서 혼란스러워하고 가끔은 길을 잃을 것이다. 그러나 해볼 만한 여행이 될 것이다. 대자연이 이제껏 우리에게 전혀 알려주지 않았던 가장 고유한 속성들을 발견할 테니 말이다.

그럼 이제 출발해보자!

이 책의 삽화들은 비상업적 용도로만 www.vulgarisation.fr 에서 무료로 내려받을 수 있다. 각 장의 삽화가를 소개하면 다음 과 같다.

- 1, 5, 9장　　　마리 자몽
- 2, 7장　　　엘루아즈 쇼슈아
- 3, 4, 8, 13장　에브 발리에
- 6, 12장　　　다폭스
- 10, 11장　　오세안 쥐뱅
- 14장　　　　마린 주마르

목차

CHAPTER 1

양자물리학과의 만남
파동-입자 이중성

리드미컬한 배경음악은 음산하기까지 하다. 시카고를 가로지르는 고속 열차가 내려다보인다. 제이크 질런홀(Jake Gyllenhaal)이 주연을 맡은 이 영화의 제목은 〈소스 코드(Source Code)〉다.

열차 안 승객 중 한 명이 클로즈업된다. 주인공인 30대 남자가 까칠한 얼굴로 잠들어 있다. 그가 잠에서 깨어나자 앞에 있는 여자가 그에게 '숀'이라 부르며 말을 건다. 그녀는 그를 아는 것 같고 어쩌면 그의 아내인 것 같기도 하다. 하지만 그의 이름은 콜터다. 설상가상으로 그는 이 여자를 전혀 본 적이 없고 자신이 지금 어디에 있는지도 모른다.

장면들이 이어지고 배경음악이 긴장된 리듬에서 곧 긴박한 느낌으로 바뀐다. 콜터는 거울에 비친 자기 얼굴에 놀란다. 처음 보는 얼굴이다! 그의 반응을 이해하지 못한 채 아내는 "다 잘될 거야"라며 그를 안심시키려 한다. 그 순간 거대한 폭발음과 함께 기차가 화염에 휩싸인다. 영화가 시작된 지 겨우 6분이 흘렀다.

나는 이런 장르의 영화를 좋아한다. 도입부가 길지 않고 대사도 없으며 배경이나 여러 인물을 배치하지 않아 시청자는 바로 핵심 줄거리에 빠져든다. 시청자에게 보여주는 것이 당장은 아무런 의미 없지만, 바로 그것이 전조가 되고 영화는 시청자에게 모든 걸 설명하는 임무를 맡는다. 여러분도 이런 장르의 영화를 알고 있다. 〈킬 빌(Kill Bill)〉, 〈메멘토(Memento)〉, 〈12 몽키즈(12 Monkeys)〉 등.

이제, 똑같이 해보자! 역사를 풀어주거나 알베르트 아인슈타인(Albert Einstein), 막스 플랑크(Max Planck) 같은 선구자의 초상이 나오는 도입부는 전부 배제하자. 그리고 파동과 입자에 관해 미리 설명하는 것도 그만두자. 기본적인 실험들, 흑체, 광전효과 등도 언급하지 말자. 비유를 지양하자. 호수 안의 물고기들이나 박람회장의 진열품, 또는 교과서에 나오는 고상한 비유를 버리자. 오히려 문제를 정면으로 공격하자. 이해가 잘 안 될 수도 있지만, 적어도 우리를 기다리는 게 무엇인지는 알게 될 것이다.

전자를 소개합니다

이번에 소개할 영화의 주인공은 전자(electron)다. 위키피디아에 소개된 특성을 보면, 전자는 놀랍도록 가볍고 지극히 작아 흰 종이에 찍힌 미세한 점과 같다. 그런데 이 전자는 양자(quantum)다.

오프닝 크레디트가 나오고 영화가 시작되었는데, 당혹스럽게도 기대하던 검은 점이 보이지 않는다. 점보다는 오히려 얼룩 같다. 가장자리가 흐릿한 가볍고 옅은 구름. 이것은 착시 현상이 아니다. 그 안에서 전자는 사방으로 움직이는데 너무 빨라 우리는 그 흔적만 알아볼 수 있다. 그렇다. 전자는 뿌연 증기처럼 공간을 차지하고 있다.

전자를 사진 찍어보자. 초점을 맞추고 찰칵! 그러고는 화면에서 사진을 확인해보자. 놀랍다. 더 이상 구름은 없고 하얀 바탕에 아주 선명하고 미세한 검은 점이 있다. 바로 그곳에 우리가 상상해오던 점 모양의 전자가 있다.

구름 사진을 다시 찍어보자. 같은 결과가 나온다. 작은 검은 점인데 이번에는 조금 왼쪽에 있다. 세 번, 네 번, 다섯 번 계속해서 사진을 찍어본다. 언제나 검은 점이 보이지만 위치는 매번 달라 구름의 경계선 안쪽 어딘가에 있다. 자, 이제 재미 삼아 이 사진들을 모두 겹치게 놓아보자. 그러면 사진들이 모두 모여 구름 모양의 점묘화 같은 이미지가 만들어진다.

바로 이런 것들이 '전자는 양자다!'라는 강렬한 제목을 가진 우리의 기이한 영화 도입부에서 나올 법한 장면이다. 우리가 이 영화의 제목을 '광자는 양자다!', '원자는 양자다!' 혹은 '분자는 양자다!'라고 할 수도 있었다는 점에 유의하길. 모든 물체는 크기가 아주 작으면 앞서 말한 것처럼 움직인다. 즉 흐릿하고 미세하며 부피를 가진 듯하지만, 측정하는 순간 갑자기 하나의 입자로 변한다. 전체성 또는 양자물리학의 미스터리가 이미 이 기이한 장면에서 작동하고 있다.

이제 이 전체 모습이 무엇과 일치하는지 보자. 흐릿한 영역이 '파동함수'다. 이것은 실제로 무엇을 나타내는가? 이 함수는 정확히 어떤 형태인가? 파동처럼 움직이는가?

카메라는 실제로 정밀한 검출기여서 단 하나의 전자에도 반응할 수 있다. 원칙적으로 이 검출기는 우리가 가진 카메라와 크게 다르지 않다. 그런데 이 카메라가 구름을 포착하려는 순간 오직 점 하나만 관찰될 뿐이다. 마치 이 '파동함수'라는 구름이 갑자기 축소된 것처럼 말이다. 하늘에 있는 진짜 구름을 찍었는데 카메라 화면에 아주 작은 물방울 하나만 보인다고 상상해보라. 전자를 측정하는 이 간단한 행위가 어째서 이토록 갑작스러운 변신을 초래하는 걸까? 도대체 어떤 보이지 않는 상호작용 때문에 양자 입자(quantum particle)가 자신이 사진 찍힐 것을 짐작해 바로 변신할 수 있단 말인가? 사진에 나타난 전자의 위치도 의문스럽다. 왜 전자의 위치가 사진을 찍을 때마다 다를까?

질문은 거기서 멈추지 않는다. 만일 전자 두 개를 동시에 관찰하면 무슨 일이 생길까? 두 전자의 구름이 뒤섞일까? 방 온도를 바꾸면? 혹은 방에 들어오는 빛의 양을 바꾸면? 이렇게 기이한 상황이 전자나 원자처럼 극히 작은 차원에서만 발생하고 테니스공이나 모래알에서는 생기지 않는 이유는 무엇일까?

보이지 않는 것을 본다?

이 질문들은 모두 타당하다. 이 질문들에 대해서는 각 장에서 답할 것이다. 그런데 이 양자 입자의 기이한 움직임을 대중에게 설명하면 우선 이런 질문이 나온다. "도대체 어떻게 이런 게 가능하죠?" 어쨌든 그것을 실제로 본 사람은 없다. 물속에서도 대기 중에서도 땅 위에서도, 심지어 우주에서도. 특수 효과로 가득한 공상과학 영화를 떠올려보면 어떨까. 믿거나 말거나 물리학자들도 똑같이 의심스러워한다.

양자물리학의 위대한 이론가 리처드 파인먼(Richard Feynman)은 강의를 시작할 때 학생들에게 이렇게 경고했다고 한다. "누구도 자신을 속이지 않고서는 양자역학을 이해할 수 없다." 이 분야의 또 다른 저명인사 닐스 보어(Niels Bohr)도 자신의 글을 읽는 독

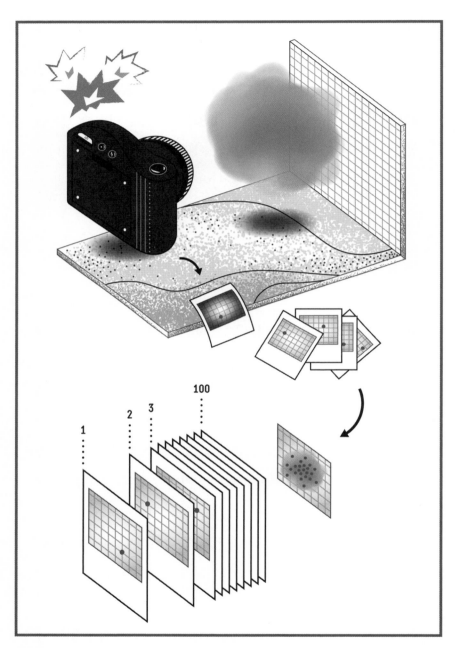

측정할 때마다 파동함수는 임의의 한 점으로 축소된다. 그런데 이 점들을 모두 모아놓으면
윤곽이 나타난다.

자들에게 이렇게 경고했다. "양자 이론에 충격을 받지 않은 사람은 그것을 이해한 것이 아니다." 이 두 명의 노벨상 수상자는 양자역학의 그 무엇도 과학적으로 이해될 수 없다고 말하려는 게 아니다. 단지 이 학문이 우리의 직관과 현실 감각을 초월한다는 점을 말한 것이다.

"왜 그런 건가요?"라는 질문이 정당하긴 하지만 물리학자들에게 물어야 할 것은 아니다. 물리학자들은 자연이 '왜' 그런 방식으로 작동하는지가 아니라, '어떻게' 자연이 작동하고 어떤 법칙이 자연을 지배하는지 알아내고자 하기 때문이다.

뉘앙스가 중요하다. 이 뉘앙스 덕분에 물리학자들의 일은 물리철학 혹은 종교적 물리학과 구별된다. 물리학자는 빅뱅이 왜 우주의 근원인지 설명하기 위해 있는 존재가 아니다. 물리학자는 그저 빅뱅을 묘사하고자 애쓰며, 그 결과 우주가 어떻게 진화해 오늘날의 모습이 되었는지 설명한다. 그러나 물리학자 입장에서는 어떤 새로운 상황을 설명할 훌륭한 이론을 만들어내는 것만으로 부족하다. 실험을 통해 그 이론을 증명해야 한다. 한마디로, 우주생성론이나 양자물리학에서 말하는 물리학 연구란 다음 두 질문으로 요약된다.

자연은 어떻게 작동하는가?
실험을 통해 그것을 어떻게 증명할 것인가?

전자나 원자의 경우 일이 복잡해진다. 이것은 인간의 눈이 포착할 수 없는 10억 분의 1미터 정도의 것을 보는 일이기 때문이다. 그런데 이 점은 양자물리학에서 특이할 게 없다. 물리학 실험들은 흔히 우리의 오감을 넘어서려고 하기 때문이다. 그런데 우리의 능력은 너무나 제한적이어서 오감을 넘어서기 쉽다. 우리는 머리카락 한 올 두께인 0.1밀리미터보다 작은 물체를 알아볼 수 없다. 우리는 20분의 1초보다 더 짧은 시간 안에 아주 빨리 지나가는 것을 식별할 수도 없다. 우리는 자기력도 방사능도 감지하지 못한다. 우리의 청각이나 미각 역시 제한되어 있고 착각을 일으키므로 말할 필요조차 없다.

독일 태생의 영국 천문학자 윌리엄 허셜(William Herschel)은 바로 이 지점에 물리학이 개입하는 것이라고 말한다. 18세기 초 어느 날 허셜은 색깔들이 어느 정도로 뜨거운지, 이것들이 온도를 갖는지 측정하려고 기초적인 실험을 했다.

우선 테이블 위에 램프를 놓고 그 앞에 둔 유리 프리즘을 통해 색깔들을 무지개 모양으로 분리했다. 그런 다음 프리즘 바깥쪽에 간이 온도계를 두었다. 맨 먼저 보라색 광선에 둔 뒤 파란색, 노란색, 붉은색 순으로 두었다. 마지막으로는 온도계를 그늘에 두어 빛이 없는 경우의 기준점으로 삼았다. 그런데 놀랍게도 온도계는 빛이 없는 지점에서 더 높은 온도를 보여주었다! 이렇게 해서 허셜은 새로운 색을 알아냈다. 뜨겁지만 우리 눈에 보이지 않는 이것이 바로 적외선이다.

또 다른 예는 좀 더 혁신적이다. 스코틀랜드의 물리학자 제임스 클러크 맥스웰(James Clerk Maxwell)은 19세기 중반에 전자기파가 우리 주변 어디에나 존재할 거라고 예상했다. 그런데 이 전자기파가 실제로 있었을까?

독일의 천재적인 실험 물리학자 하인리히 헤르츠(Heinrich Hertz)가 그것을 찾아내려고 했다. 그는 전자 발신기를 넓은 홀에 두었다. 맥스웰의 이론에 따르면 발신기는 보이지 않는 전자기파를 생성해낼 것이 틀림없었다.

헤르츠는 거울 두 개를 마주 보게 놓아 이 전자기파를 홀 안 어떤 지점에 가두도록 했다. 이것을 검출하기 위해 커다란 고리 모양의 도구를 만들었는데, 두 개의 조그만 철제 고리 끝부분 사이에 전기가 충분히 흐르면 불꽃이 일어났다. 이 고리를 두 거울 사이에 천천히 놓았는데 몇 군데에서 갑자기 불꽃이 생기는 게 보였다. 그는 이 작은 전기 불꽃들의 위치를 그려 마침내 진정한 파동 지도를 만들어냈다. 그는 또한 보이지 않는 '헤르츠파'의 존재를 증명했으며, 이후 헤르츠파는 라디오, 휴대전화, 와이파이 등에 사용되고 있다.

이해하기 어려운 실험

우리의 전자로 돌아가보자. 헤르츠처럼 우리도 양자 입자가 그 유명한 파동함수인 '구름'처럼 움직이지 않는지 확인시켜줄 실험을 찾아내야 한다. 그런데 사정이 복잡하다. 파동함수가 존재한다면 그것을 측정하려 했다는 행위가 그것을 즉시 사라지게 만든다는 걸 어떻게 확인할 수 있을까?

그때까지 과학사에서 이런 문제가 제기된 적은 없었다. 예를 들어 고전역학에서는 물체의 낙하 법칙을 시험할 때 창밖으로 사과를 떨어뜨려 고도에 따른 사과의 낙하 시간을 측정한다. 여러분도 동의하겠지만, 시계를 사용했다는 사실은 사과가 떨어지는 방식을 바꾸지 못한다. 여러분이 사과를 관찰하건 않건 사과는 늘 같은 방식으로 떨어진다. 이것은 아주 다행이다! 하지만 양자물리학에서는 측정 행위 자체가 측정 대상에 영향을 준다.

바로 이 점이 큰 난관인데, 이미 말한 것처럼 이 파동함수를 찾아내기 위한 실험은 간단하지 않다. 파동함수를 이해하기 위해 우리는 한 걸음씩 나아갈 것이다. 그럴 만한 가치가 있다. 첫째, 이 해결 방식은 아주 훌륭하다. 이 실험은 겉으로 포착하기 힘든 대상을 어떻게 검출할지 보여주기 때문이다. 둘째, 이 방법은 양자 세계의 독특함을 구체적으로 보여준다. 이번에도 파인먼은 이렇게 설명한다. "나는 이 실험만 생각할 것이다. 이 실험은 양자물리학의 미스터리를 모두 포함하도록 구성되었으며, 그 결과 여러분은 자연의 역설과 미스터리와 특수성을 온전히 직면할 수 있다."*

이제 한 단계씩 차근차근 가보자.

우선, 간단한 질문에 답해보자. 파동이 파동인 것을 어떻게 증명할까? 우리는 이 파동을 호수 위의 파도로 나타낼 수 있다. 영국인들은 헷갈리지 않도록 파동과 파도를 '웨이브(wave)'라는 한 단어로 표현한다. 파도는 배나 풍랑이 지나갈 때, 그리고 물 위에 조약돌을 던질 때 생긴다. 물의 이동을 통해 만들어진 파도는 마루와 골 모양을 이루며 퍼져나간다. 파도가 표면에 일으키는 동요도 조금씩 이동한다. 파동은 소리나 전파 신호처럼 눈에 보이지 않아도 마이크나 안테나를 통해 감지할 수 있다.

그렇다면 파동을 더 정확히, 특히 파동의 형태를 측정하려면 어떻게 해야 할까? 섞는 것도 한 방법이다. 서로 포개져 있는 두 개의 파동을 상상해보자. 예를 들어 호수에 두 개의 조약돌을 동시에 던질 경우, 파동 1의 마루가 파동 2의 마루와 중첩되면 이것이 합쳐져 두 배 더 큰 파동을 만든다. 이것을 '보강간섭'이라고 한다.

반대로 마루들이 조금씩 어긋나 파동 1의 마루가 파동 2의 골

---

* 리처드 파인먼, 『물리 법칙의 특성』 중에서.

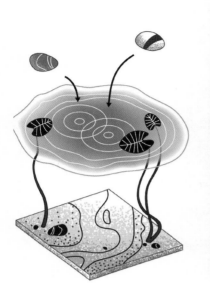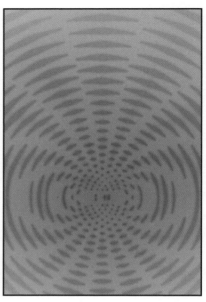

두 파동이 중첩되면 이것들은 강화되거나 상쇄되어 특수한 형태를 띠는 간섭무늬로 나타난다.

에 있게 되면 두 파동은 상쇄되어 파동이 사라진다. 이것을 '상쇄 간섭'이라고 한다. 이 효과를 관찰하려면 완전히 똑같은 파동이 두 개 필요한데, 그것을 만들어내기란 쉽지 않다. 꾀를 부리면, 파동을 하나만 이용해도 된다. 하나의 파동을 나누어 일부는 첫 번째 경로로, 나머지는 두 번째 경로로 보낸 뒤 그것들을 다시 합치면 된다. 이 실험은 파동을 둘로 나누는 방식에 따라 여러 과학자의 이름으로 명명되는데, 영(Young)의 슬릿, 마하젠더(Mach-Zehnder) 간섭계 등이 있다.

정리해보자! 어떤 '미지의 것'이 파동처럼 움직이는지 보여주려면 그것을 두 길로 달리게 한 뒤 다시 합쳐 관찰하면 된다. 만들어준 경로의 길이에 따라 보강간섭이나 상쇄간섭이 있을 것이다. 한 경로의 길이를 다른 경로와 비교해 다양하게 만들면 파동이 때로는 나타났다가 때로는 사라지는 것을 볼 수 있다.

이 천재적 아이디어가 양자물리학에 적용된 지 100년이 되었다! 1920년대에 클린턴 데이비슨(Clinton Davisson)과 레스터 거머(Lester Germer)는 양자 입자를 이용해 이 아이디어를 성공적으로 구현했다. 그들은 니켈 결정을 향해 전자를 발사하는 방식을 이용했다. 우리는 2013년 네브래스카 대학교 허먼 바틀란(Herman Batelaan) 연구 팀이 진행한, 좀 더 이해하기 쉽고 현대적인 실험을 소개하려고 한다. 전자를 서로 다른 두 길로 달리게 한 뒤 두 길이 한 점으로 합쳐진 다음 측정해야 한다. 만일 전자가 입자이면 두 길 중 하나를 택할 것이다. 그런데 전자가 파동과 조금이라도 비슷하다면 놀라운 일이 벌어질 것이니 기대하시라!

우선, 바틀란과 동료들은 텅스텐 필라멘트를 달구어 전자를 방출하도록 한다. 그런 다음 각각의 전자를 몇 센티미터 떨어진 판을 향해 발사한다. 이 판에 아주 가느다란 슬릿 두 개를 만드는데, 각 슬릿의 너비는 몇십 나노미터(nm) 정도다. 슬릿을 통과해 지나간 전자들은 이제 형광 스크린을 통해 검출되는데, 이 스크린은 조금 멀리 떨어져 있고 초고감도 카메라로 촬영된다. 먼지를 막기 위해 모든 것이 진공 상태에서 이루어지도록 한다.

이때 여러분은 어떤 광경이 떠오르는가? 놀이공원의 사격장을 떠올려보자. 소총을 손에 들고 앞에 있는 두 개의 구멍 중 하나를 통과하도록 정확히 겨누어 표적을 맞히고 커다란 곰 인형을 쟁취하는 게임이라고 가정해보자. 준비되었는가? 여러분의 총알은 오른쪽 구멍 또는 왼쪽 구멍을 통과할 것이며 각 총알이 표적에 가한 충격은 서로 다른 경로와 일치한다.

이 실험에서 표적은 전자를 검출하는 스크린이다. 따라서 이 스크린을 촬영하면 전자가 오로지 입자처럼 움직여 오른쪽이나 왼쪽 구멍을 통과했는지, 아니면 파동의 특징인 간섭무늬가 생겼는지 알 수 있다.

연구자들은 용의주도하게 두 번째 슬릿을 막은 채 하나의 슬릿만 이용해 그들의 장치를 시험한다. 전자들은 예상대로 가능한 경로 하나만 이용하며 스크린 여기저기 도달해 점점이 얼룩을 남긴다.*

바로 이때 두 번째 슬릿을 개방한다. 곧 첫 번째 점이 형광 스크린에 나타난다. 전자 중 하나가 방금 슬릿 하나를 통과한 것이다. 당장은 이상할 게 없다. 그러다가 두 번째, 세 번째 점들이 나

---

* 엄밀히 말하면, 전자들은 결코 어디에도 도달하지 않는다. 자세한 내용은 참고 문헌에 나와 있는 바틀란의 논문에서 '슬릿'에 관한 물리학 부분을 참고하기 바란다.

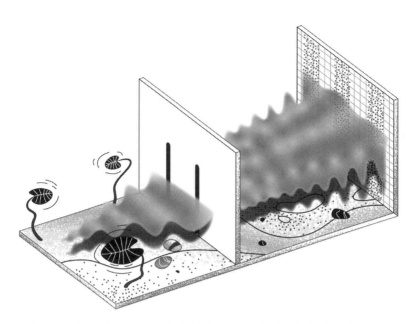

양자 파동이 두 슬릿을 향해 발사되면 간섭을 받는다. 파동은 측정될 때 점 하나로 축소되지만 측정치를 모두 합하면 결국 간섭무늬가 나타난다.

타난다. 점들이 스크린에 쌓인다. 언뜻 보기에는 아무 데나 찍히는 것 같다. 여전히 양자 파동의 흔적은 없다. 그런데 몇 차례 충돌 후 어떤 구역은 마치 전자들에 금지된 곳인 양 비어 있다. 전자들은 수직의 띠를 따라서만 쌓이는 것으로 보이는데, 이 띠들은 점이 없는 구역에 의해 서로 분리되어 있다.

그것은 그저 두 개의 슬릿이 만드는 그림자일까? 아니다. 슬릿은 2개뿐인데 스크린 위의 띠는 10개나 된다. 전자 수천 개가 충돌한 후에는 무늬가 더 선명해지고 빈 구역들은 더 두드러져 보인다. 물리학자들은 이것을 '간섭무늬'라고 한다. 전자는 스크린의 특정 부위에서만 관찰되는데, 이 부위는 규칙적인 간격으로 나타나며 이곳 외에는 전자가 발견되지 않는다. 그러므로 전자는 파동처럼 두 슬릿을 통과한 것이다. 두 슬릿 바로 뒤에서 전자는 두 개의 작은 파동으로 나뉜다. 스크린에 도달한 각 파동은 얼마간의 거리를 달려왔다. 두 파동은 몇 군데에서 위상이 완벽히 일치해 마루는 마루에, 골은 골에 겹쳐 강화된다. 이것을 '보강간섭'이라고 한다. 다른 지점에서는 마루가 골에, 골에 마루가 겹쳐 두 파동이 상쇄된다. 이것을 '상쇄간섭'이라고 하는데, 파동이 없으므로 전자도 없다! 무늬가 교대로 나타난 것은 작은 두 파동의 혼합파인 최종 파동의 그림자놀이 같은 것이다.

이 실험은 상상할 수 없는 것을 증명해준다. 즉 전자는 발생한 뒤 측정될 때까지 파동처럼 움직이며 측정된 바로 그 순간에만 입자로 환원된다. 이 장치의 탁월함은 전자가 파동처럼 움직이고 간섭 효과를 겪게 한 뒤 맨 마지막에 입자로 환원될 수밖에 없도록 하는 것이다.

마지막으로, 이 실험의 매력 포인트는 실험 내내 전자들이 '하나씩' 발사된다는 점이다. 과학자들은 각 전자가 스크린에 도달한 뒤 그다음 전자를 발사하도록 참을성 있게 기다린다. 따라서 전자들이 모두 함께 파동을 형성하는 것이 아니라 각 전자가 '개별적으로' 파동을 형성한다.

이제 가장 어려운 것은 끝났다. 여러분이 실험의 자세한 내용을 이해하지 못했다 하더라도 100년 전부터 모든 연구 팀이 실험실에서 확인한 결론은 기억하기 바란다. 작은 차원의 세계는 양자적이며 파동과 입자 사이 어딘가에서 아주 뜻밖의 움직임을 보여준다.

CHAPTER 2

52번째 편지
파동함수

> 친애하는 보른에게,
>
> (…) 양자물리학은 아주 인상적일세. 하지만 내 안의 목소리는 이 학문이 만족스럽지 않다고 말하는군. 양자물리학은 사물에 대한 실질적 이해와 거리가 있지만 그래도 잘 작동하지. 어쨌든 나는 신이 주사위 놀음을 하지 않는다고 확신하네.
>
> – 알베르트 아인슈타인

1926년 아인슈타인이 친구 막스 보른(Max Born)에게 보낸 이 짧은 편지는 40년 이상 둘 사이에 오간 편지 중 52번째 것이다. 이 편지는 특별할 게 없다. 하지만 유명 인사였던 아인슈타인을 포함해 당대의 두 물리학자가 겪었던 괴로움을 보여준다.

과거로 돌아가보자. 19세기 말의 물리학은 완전히 정복되었거나 거의 그렇게 보인다. 하지만 외관상 간단해 보이는 두 가지 실험, 즉 흑체복사와 광전효과가 문제가 된다. 이것들은 당시 이론과 양립되지 않는 결과를 낸다. 여기서 도표, 실험 장치,

막스 보른

곡선 등을 보여주며 그것을 자세히 설명할 수도 있지만, 약속했듯 시간을 끌지 않고 곧장 양자물리학으로 돌입해보자.

준비되었는가? 이제 양자물리학의 초창기 25년을 간추린 이야기를 만나보자.

1900년, 1단계. 연구자들이 '흑체복사'를 측정한다. 이것은 몇백 도로 달궈진 새까만 화덕에서 방출되는 빛에 나타난 색깔의 강도다. 연구자들은 각 색깔의 고유한 파장에 따른 복사를 표시해 종 모양의 특이한 곡선을 얻지만, 곡선을 해석하지 못한다. 그런데 마침내 막스 플랑크가 그 해법을 찾아내, 에너지가 불연속적이고 양자화된 것처럼 화덕 속의 에너지가 소량의 다발로 발산된다면 측정 결과가 완벽히 설명된다.

막스 플랑크

알베르트 아인슈타인

1905년, 2단계. 알베르트 아인슈타인은 빛이 특정 파장에서 어떻게 금속의 전자를 방출시킬 수 있는지 설명하고자 한다. 그는 빛 자체도 소량의 다발로 이뤄져 있다고 상상한다. 빛은 입자성을 가진 것으로 생각되며 각 입자를 '광자'라고 한다.

물리학자들에게 이것은 혁명이었다. 왜냐하면 빛이 '전자기'파임이 밝혀진 지 얼마 되지 않았기 때문이다. 유념하자. 이것이 바로 앞 장에서 헤르츠가 찾아냈던 눈에 보이지 않는 파동이며, 초당 30만 킬로미터를 이동하는 일종의 전기적이고 자기적인 진동이다. 그런데 아인슈타인이 이런 관점을 뒤집는다. 파동을 이루는 것은 광자 전체의 합이 아니고 각각의 광자가 파동인 '동시에' 입자인 것으로 생각된다. 빛은 파동-입자 이중성을 지닌다.

루이 드브로이

1923년, 3단계. 루이 드브로이(Louis de Broglie)는 상상할 수 없는 것을 제안한다. 아인슈타인이 말한 것처럼 파동적 존재가 입자적 존재로 생각될 수 있다면 그 반대도 성립하

지 않을까? 물질을 이루는 입자가 파
동일 수는 없는 걸까? 그는 한 걸음
더 나아간다. 각각의 원자, 각각의 전
자 그리고 심지어 여러분, 나, 에펠탑
같은 각각의 물체 등 모든 게 파동이
다! 우리로선 다행스럽게도 드브로이
는 이 물질파의 특성을 측정하면서
물질이 파동과 비슷해지려면 해당 물

에르빈 슈뢰딩거

체가 약 10억 분의 1미터 정도로 아주 작고 가벼워야 한다는 점
을 발견한다. 그래서 그때까지 아무도 그것을 이해하지 못한 것
이다.

　1925년, 4단계. 에르빈 슈뢰딩거(Erwin Schrödinger)는 이 특이
한 양자 파동을 나타내기 위해 자신의 이름을 딴 방정식을 만든
다. 그는 수소 원자 안에 있는 드브로이의 파동 에너지를 계산하
려다가 이 방정식을 거의 본능적으로 찾아낸다.

슈뢰딩거 방정식과의 만남

이 상징적인 방정식은 슈뢰딩거에게 노벨상을 안겨주고 그의 묘
비에도 새겨진다. 나는 대중 강연 때마다 스스로 이렇게 묻는다.

그렇다면 이 방정식을 사람들에게 보여줘야 할까? 청중 대부분의 마음을 잃고 고등학교 때의 괴로운 기억을 들춰내면서까지 이 방정식을 보여줘야 할까? 대중 강연자들이 대다수가 이해하지 못하는 수학 개념을 다룰 줄 안다는 사실을 상기시키는 게 허세 아니면 무엇인가?

하지만 방정식은 그저 수학적 표기법의 놀음이 아니다. 그것은 과학자들이 개념을 생각하고 다루고 조작하고 시험해 마침내 이해하도록 돕는 것이다. 하지만 이번 한 번만 유혹에 넘어가 여러분에게 슈뢰딩거 방정식을 소개하고 그 방정식이 나를 매료시킨 점을 보여주고 싶다.

이런 방정식은 미래를 예측하는 일종의 기계라고 할 수 있다. 이 방정식이 작동하기 위해서는 현재에 관해 아는 모든 것, 즉 정확한 시간과 정해진 장소를 방정식에 알려줘야 한다. 그래야 방정식이 작동할 때 이것이 지금으로부터 1초 후, 2초 후, 1시간 후 우리 눈앞에서 일어날 일을 예측할 수 있다. 바로 이것이 물리학이 가진 힘이다. 지금 이 순간의 우주를 설명하는 법칙을 찾아내는 것, 그리고 그 법칙을 이용해 미래를 예측하는 것.

구체적인 예로 전자 한 개를 떠올려보자. 건전지나 컴퓨터의 전원 장치 같은 전기장 안에 이 전자를 놓는다. 전자가 어떻게 반응하는지 알아내기 위해 방정식을 이용하자.

$$ih\frac{\partial\psi}{\partial t} = -\frac{\hbar^2}{2m}\vec{\nabla}^2\psi + V\psi$$

이 방정식을 다음 페이지에 그려진 커다란 기계라고 생각해보자. 그리스 문자 ψ(프시)는 파동함수를 의미한다. 이 파동함수는 전자를 설명하며 우리가 밝혀내고자 하는 것이다. 이것을 계산하려면 기계를 작동시키기 전에 이 기계에 'm'으로 표시된 전자의 질량을 입력해야 한다. 그런 다음 전자가 앞으로 겪을 모든 일을 기계에 알려준다. 이것을 'V'라고 표시한다. 여기에 입자가 겪을 모든 일, 즉 다른 입자들과의 충돌, 중력, 여러 가지 장, 광선의 발산 등을 총체적으로 집어넣을 수 있다. 지금 같은 경우 V 안에 건전지의 전기장, 전기장의 세기와 형태 및 방향을 집어넣는다.

'ħ'는 절대 변하지 않는 상수다. 나머지 모두, 즉 상징 기호 'i' 와 '∂/∂t', 나블라(nabla)라 불리는 ∇은 수학적 연산을 말하며 이것들은 파동함수에 적용되어 계산을 어떻게 수행할지 나타낸다. 이제 수학적 손잡이를 돌리기만 하면 되는데, 거대한 계산기를 닮은 방정식은 마침내 ψ와 그것의 변화를 내놓는다. 그러면 전자가 어떤 형태를 띠는지뿐 아니라 전자의 미래, 즉 전자가 전진할지 후퇴할지, 수축할지 뻗어나갈지도 찾아낼 수 있다.

$$i\hbar \frac{\partial \Psi(t, \vec{r})}{\partial t} = -\frac{\hbar^2}{2m} \vec{\nabla}^2 \Psi(t, \vec{r}) + V(t, \vec{r})\Psi(t, \vec{r})$$

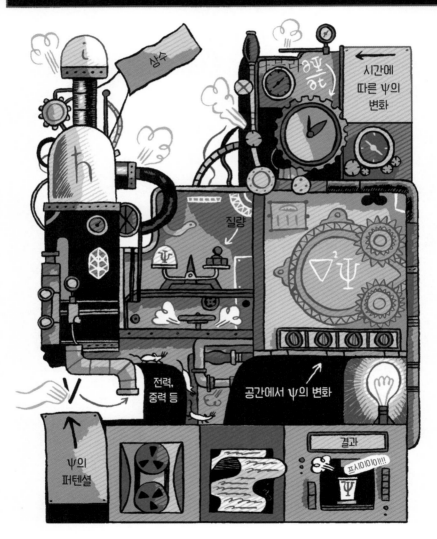

파동은 존재할까, 존재하지 않을까?

슈뢰딩거는 1926년에 방정식을 발표하고 바로 그것을 시험한다. 그는 이 방정식을 이용해 수소 원자가 내는 빛의 특성을 계산하고 방정식이 훌륭하게 작동하는 것을 확인한다. 이 방정식 덕분에 실험실에서 이미 이뤄진 실험을 이해할 수 있고, 심지어 장차 확인될 새로운 현상을 예측할 수 있다. 과학계는 이것을 신속히 그리고 열렬히 환영한다.

하지만 어떤 이들은 문제점을 지적한다. 그들은 방정식 자체가 아닌 방정식의 의미를 문제 삼는다. 이 ψ라는 기호가 실제로 무엇을 나타내는가? 루이 드브로이가 처음에 주장한 것처럼 단순한 파동인가? 방정식이 잘 작동한다는 구실로 그때부터 입자 개념을 버리고 모든 게 파동이라고 선언할 수 있는가?

더 까다로운 질문도 있다. 어떤 종류의 물질이 이런 파동을 보여주는가? 실제 전자가 펼쳐지고 흩어지는가? 고전적 파동의 경우 답은 더 간단하다. 대양에서 파도를 전달하는 것은 바닷물이다. 축구 경기장의 거대한 파도타기 응원처럼 소리가 서로 부딪쳐 음파가 퍼져나가게 하는 것은 공기 분자들이다. 그런데 전자의 경우 무엇이 진동하고 떨리는가? 무엇이 물과 공기의 역할을 하는가?

어떤 논점은 전문가들을 언짢게 한다. 슈뢰딩거에 따르면, 파동을 측정하면 파동이 갑자기 축소되어 다시 입자가 된다. 그런데 그가 말한 이 '갑자기'란 무슨 뜻인가? 파동이 정말 즉시 축소될 수 있는가? 이것은 빛보다 빠른 것은 없다고 규정한 아인슈타인의 상대성 원리라는 기본 원칙을 위배할 수 있다.

슈뢰딩거 방정식의 발견으로 물리학자들은 마침내 양자 파동을 이해했다고 생각했다. 그런데 이 새로운 도구는 해결할 수 없는 문제를 더 많이 초래하는 듯 보였다. 이때 막스 보른과 친구 아인슈타인이 등장한다. 보른은 양자물리학자들의 작은 세계에서 이색적인 인물이다. 젊은 베르너 하이젠베르크(Werner Heisenberg)보다는 열정적이지 않고, 지혜로운 닐스 보어만큼은 철학적이지 않으며, 천재적인 볼프강 파울리(Wolfgang Pauli)보다는 신랄하지 않고, 여러 여성을 거느린 슈뢰딩거보다는 덜 낭만적인 보른은 세상이 보기에 2인자 역할을 한다. 게다가 그는 동료들보다 거의 20년 늦은 1954년에야 노벨상을 받는다. 노벨상 수상식에서 그는 겸손하게 말한다. "내가 노벨상을 받는 영예를 누리게 해준 업적에는 새로운 자연 현상의 발견이 포함된 게 아니다. 오히려 자연 현상에 관한 새로운 사고방식의 토대가 포함된 것이다."

하지만 막스 보른은 핵심 역할을 한다. 당대 가장 명망 있는 독일의 괴팅겐 대학교에서 수학을 공부한 그는 이 전공이 끝날 무렵 물리학으로 전공을 바꾼다. 1920년대부터 그는 당대 가장 뛰어난 석학인 베르너 하이젠베르크, 파스쿠알 요르단(Pascual

Jordan), 볼프강 파울리, 엔리코 페르미(Enrico Fermi) 등과 교제한다. 그의 조교와 학생 중 노벨상을 받은 이가 일곱 명이나 된다! 보른은 연구 팀의 훌륭한 지도자일 뿐 아니라 자신도 두 가지 중요한 업적을 통해 양자물리학의 토대를 놓는 데 참여한다. 우선, 그는 양자물리학을 이해하기 위해 새로운 수학적 도구를 사용할 것을 최초로 제안한 사람이다. 그 도구는 행렬과 벡터로, 오늘날까지 사용되고 있다. 그리고 특히 1926년 슈뢰딩거가 방정식을 발표한 직후, 그는 모든 의문점에 답을 줄 파동함수에 대한 새로운 설명을 내놓는다.

보른은 어려운 용어들로 이뤄진 슈뢰딩거의 파동에 관한 견해를 좋아하지 않는다. "슈뢰딩거의 업적은 결국 순전히 수학적인 것으로, 그의 물리학은 형편없다." 입자 간 충돌에 관해 계산한 것을 계기로 그는 갑자기 ψ의 진짜 의미를 알아챈다. 파동함수 ψ는 슈뢰딩거의 주장처럼 그저 단순한 파동이 아니라 존재할 확률을 나타낸다. 이 과감한 아이디어는 양자물리학 세계를 이후 아인슈타인을 제외한 모든 물리학자가 수용한 해석인 확률의 불확정성 세계로 끌어들인다.

이런 보른의 생각은 어쩌면 이 책에서 가장 중요할 것이며, 양자물리학의 기이한 특성은 모두 그의 아이디어를 기반으로 한다는 점을 짚어둔다. 그러므로 파동함수는 실제 파동을 말하는 게 아니다. 그렇다면 더 바랄 게 없겠지만 말이다. 파동함수는 오히

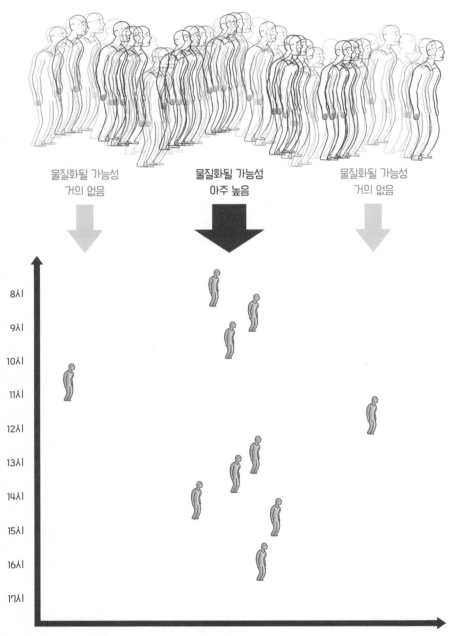

려 입자 하나가 이곳저곳에 있을 '확률'을 나타낸다. 수학적 해석은 계산을 더 정확히 수행하고자 하는 이들에게만 유용할 것이다. 그것을 보른은 자신의 선구적 논문의 한 페이지 하단 주석에 기록하고 있는데, 우리도 마찬가지로 기록하겠다.[*] 파동함수는 이를테면 모든 가능성을 그린 지도와 같다. 파동함수는 입자에 그것이 이곳저곳에 나타날 확률이 얼마인지 알려준다. 입자를 측정하려고 할 때마다 그것은 자신의 ψ 지도를 꺼내 이것을 이용해 어디에 나타날지 제비뽑기한다. 여러분은 저 위에 있는 파란색 인물 그림을 모두 보았는가? 그들은 어찌 보면 이 파동함수를 나타낸다. 처음에는 인물이 여러 장소에 동시에 존재한다. 인물은 전체 면에 걸쳐 펼쳐져 있는 것 같은데, 가장자리보다 중앙 쪽에 더 두드러져 보이지만 동시에 어디에나 있다. 그런데 측정하려고 하면 이 인물은 페이지의 지정된 장소에 물질화되어 나타날 것이다.

8시에 처음 측정할 때는 인물이 중앙에 나타난다. 조금 후 다시 측정하면 좀 더 오른쪽에 위치한다. 세 번째로 측정할 땐 왼쪽에 있다. 이런 식으로 측정이 계속된다. 인물은 매번 무작위로 전체 면 중 어디에나 나타난다. 파동함수가 반드시 어디에서나 같은 값은 아님을 유의하자. 예를 들어 이 그림에서 파동함수는 정

---

[*] 전자가 나타날 확률은 파동함수의 제곱에 비례한다.

중앙에서 밀도가 좀 더 높다. 그러므로 인물이 중앙에 위치할 가능성이 약간 더 높다.

이 갑작스러운 축소라는 몰상식한 상황을 이해하기 위해 양자 오케스트라를 상상해보자. 이제 당신은 어떤 홀에 있고 오케스트라는 첫 번째 화음을 연주한다. 악기들로부터 음악이 솟아나 홀 전체로 퍼져나가지만 확률적으로만 그렇다. 게다가 넓은 홀 안의 침묵은 완벽하고 아무 소리도 들리지 않는다. 파동은 침묵 속에 퍼져나가고, 그때 갑자기 파동이 한 점으로 축소되어 청중 한 명의 귀에 닿는다. 나머지 청중은 아무것도 듣지 못한다. 그다음 음이 두 번째 청중의 고막에 도달하고, 이런 방식이 계속된다. 결국 모든 청중이 각자 단편적으로 들었던 것을 서로 주고받아야지만 그날 밤 연주된 교향곡을 재현해낼 수 있을 것이다.

세계에 대한 또 다른 관점

새로운 개념들 속에서 길을 잃은 듯한 분들이여, 안심하시길. 당연하다. 이 확률 개념은 초보이든 노련하든 어떤 물리학자에게도 똑같이 충격적이다. 이것은 그들이 이 개념을 전혀 이해하지 못한다는 뜻이 아니라, 이 개념이 그들의 직관을 뒤흔든다는 뜻이다. 이때까지 그들은 자신이 만든 방정식을 신뢰해 사물의 변화를 정확히 예측할 수 있었다. 로켓을 만들고 연료를 충분히 넣어 우주로 보내면 전문가는 로켓의 궤도를 정확히 계산할 수 있을 것이다. 바로 이것이 뉴턴 역학의 진정한 힘이다. 뉴턴 역학이란 현재를 아는 순간부터 미래를 정확히 기술할 수 있는 결정론적 법칙의 집합체다.

물리학자들은 차마 말할 수 없는 꿈을 공유하고 있었다. 그것은 '모든 것'을 예측하는 능력이었다. 로켓의 탄도나 행성의 움직임뿐 아니라 우리 자신의 움직임과 우리의 생각까지도! 우리 뇌에 있는 모든 원자의 위치를 고성능 컴퓨터에 입력할 수 있다면 물리학 법칙을 이용해 우리가 몇 분 후 생각할 내용을 계산할 수 있을지도 모른다. 자유의지를 포기하도록 우리를 강제할 수 있는 것을 말이다.

슈뢰딩거 방정식은 이런 결정론적인 꿈을 산산이 부순다. 전자의 위치를 치밀하게 예측하기란 더 이상 불가능하다. 우리의 무지 또는 아주 많은 입자를 동시에 계산할 수 없는 우리의 무능력으로 인한 불확실성이 문제가 아니다. 그렇다. 이 근본적 불확실성은 개별 입자와 관련 있으므로 거기서 벗어날 수 없다. 결국 우리의 자유의지를 구원한 것은 양자물리학이다. 휴, 드디어 우리는 다시금 우리 운명의 주인이 되었다!

그렇다면 아인슈타인이 보른에게 보낸 편지에서 왜 그토록 불같은 반응을 보였는지 더 잘 이해된다. "어쨌든 나는 신이 주사위 놀음을 하지 않는다고 확신하네." 보른은 훗날 이렇게 말했다. "양자물리학에 대한 아인슈타인의 판단에 나는 충격을 받았다. 그가 이 학문을 거부한 것은 이성적 고찰에 근거한 것이 아니라 '내면의 목소리'에 더욱 충실했기 때문이다." 아인슈타인은 결과를 제비뽑기식으로 추첨하는 기본 법칙 개념을 받아들일 수 없었다. 몇 년 후 그는 영원한 벗에게 이렇게 썼다. "우리는 각자 과학적 기대가 달라 서로 정반대 편에 서버렸네. 자네는 주사위 놀음을 하는 신을 믿고, 나는 무언가가 객관적으로 존재하는 우주 안 법칙들의 유일한 가치를 믿네. 이 가치는 내가 잔혹할 정도로 사색을 통해 알아내고자 하는 것일세."

물리학에서 이런 종류의 논쟁을 끝낼 수 있는 것은 오직 실험뿐이다. 100년간의 측정과 실험 결과는 확실하다. 파동함수는 보른이 예측했던 것처럼 잘 작동하며, 아인슈타인이 믿었던 바와 같지 않았다.

따라서 양자물리학은 세계에 대한 불확실하고 흐릿한 관점만 제공하는 것일까? 우리의 일이 고전물리학이 가진 예측 부문의 장점을 버리도록 하는 것일까? 그렇게 속지는 말자. 슈뢰딩거 방정식은 완전히 결정론적이다. 이것을 이용하면 파동함수의 형태와 시간에 따른 변화를 매우 정확히 예측할 수 있다. 우연을 개입시키는 것은 오로지 최종 단계인 측정을 할 때다.

반대로 입자의 에너지 값을 정하고 입자가 어디 있는지 신경 쓰고 싶지 않다면 계산을 통해 놀라울 정도로 정확한 값을 얻을 수 있으며, 이 값은 이후 실험을 통해 완벽히 확인된다. 양자물리학은 흐릿한 것이 지배하는 세계가 아니며, 심지어 역학이나 광학보다도 정확하다. 얻고자 하는 것을 잘 선택해야 한다.

입 다물고 계산하라!

보른과 아인슈타인 간의 논쟁은 형이상학적이다. 7장에서 측정 시 일어나는 일을 더 자세히 연구할 때 우리는 이 논쟁으로 되돌아올 것이다. 그사이 여러분에게 또 다른 접근법을 살펴볼 것을 제안한다. 그것은 물리학자 데이비드 머민(David Mermin)이 권하는 접근 방식이다. 양자 세계에 관한 여러 해석과 그 철학적 의미에 관해 물으면 머민은 무미건조하게 답하곤 했다. "입 다물고 계산하라!"

입 다물고 계산하라! 거칠지만 겸손한 표현이다. 그런데 이 명령에는 지혜가 숨겨져 있다. 머민은 물리학자들에게 일의 핵심으로 돌아오라고 권한다. 이 일의 핵심이란 현실을 묘사하기 위한 모형을 찾아내는 것, 그리고 예측한 것을 계산에 넣어 실험 결과와 비교하는 것이다. 나머지는 철학자들의 일이다.

우리는 지금 이 권고를 따를 것이다. 모든 형이상학적 고찰은

잊어버리자. 그리고 슈뢰딩거 방정식을 문자 그대로 받아들여 이것이 도대체 무엇을 의미하는지 보자. 실질적으로 접근한다면 우리는 아름답고 놀라운 것들을 보게 될 것이다.

CHAPTER 3

세계는 불연속적이다
양자화

1801년 베토벤은 아끼는 벗에게 이렇게 썼다.

> 거의 2년 전부터 난 사람을 만나지 않고 있네. "귀가 안 들려"라고 사람들한테 말할 수 없기 때문일세. 내가 다른 직업을 가졌다면 여전히 그 일이 가능할지도 몰라. 하지만 내 일의 경우엔 끔찍한 상황일세……

그러나 15년 후 베토벤은 자신의 아홉 번째 교향곡을 작곡했다. 완전히 듣지 못하게 되었는데, 도대체 어떤 기적을 통해 자신의 가장 유명한 작품 중 하나를 탄생시켰을까? 사실 이 독일의 천재 음악가에겐 비밀이 있었다. 그는 피아노를 치며 작곡할 때 피아노 위에 작은 나무막대를 얹어놓고 이 막대를 치아로 꽉 물고 작업했다. 건반을 누르면 거기서 나온 진동이 피아노의 프레임으로부터 나무막대를 따라 그의 턱뼈까지 퍼져갔고, 턱뼈에서 두개골까지 전달되어 마침내 여전히 조금 기능하던 내이에 도달해 음을 구별할 수 있었다. 한마디로, 치아를 통해 음악을 들었던 것이다.

그런데 코끼리들도 짝짓기 철이 되면 똑같은 메커니즘을 이용한다. 암컷들은 발자국의 진동을 통해 자신의 존재를 수컷에게 알린다. 땅의 미세한 진동이 수컷의 발까지 퍼져나간 뒤 뼈를 통해 머리로 전달된다. 이런 식으로 수컷들은 몇 킬로미터 떨어진 암컷의 위치를 알아낼 수 있다! 이 원리를 이용한 것이 고막이 손상된 환자를 위한 새로운 골전도 헤드폰이다. 이미 이해했듯, 소리는 파동이며 이 파동은 퍼져나가 공기, 땅, 심지어 인체의 뼈를 진동시킨다. 여러분이 보기에는 양자물리학과 어떤 관계가 있는 것 같은가?

파동의 역사

이해를 돕기 위해 베토벤이 아꼈던 그랜드 피아노로 돌아가보자. 종의 절반을 엎어놓은 듯한 피아노의 형태에 주목하자. 이것은 단지 심미적인 이유만이 아니다. 건반을 누르면 건반이 작은 해머를 움직여 현을 때리는데, 현이 길수록 소리는 낮아진다. 옥타브가 더 낮아지면 현의 길이는 두 배가 될 것이다. 그러므로 그랜드 피아노의 긴 쪽이 저음부이고 짧은 쪽이 고음부다. 사실 현의 장력과 재질도 저음과 고음 사이에서 달라지기 때문에 피아노의 길이가 10미터일 필요는 없다!

만일 우리가 초고속 카메라로 이 현 중 하나를 찍는다면 무엇을 보게 될까?

아마도 제자리에서 진동하는 것처럼 보일 테지만, 이것은 마치 줄넘기할 때 양쪽 끝이 고정된 채 줄의 중앙 부분이 때로는 위로 때로는 아래로 흔들리는 것과 비슷하다. 이런 끊임없는 왕복을 통해 주변 공기를 진동시켜 만들어진 소리가 결국 우리 귀에 도달한다.

기타나 바이올린 같은 현악기들은 모두 같은 원리에 근거한다. 진동하는 파동은 고정된 양쪽 끝에서 매번 갇혀버린다. 파동

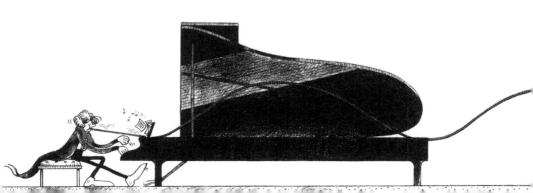

은 양 끝 사이에서 진동할 수밖에 없다. 그러므로 파동은 언제나 똑같은 모습을 보여준다. 어찌 되었든 마루의 전체 개수가 언제나 현의 전체 길이에 걸쳐 규칙적인 간격으로 분배된 모습이다. 관악기의 메커니즘도 거의 같아, 관 속으로 공기를 불어 넣으면 관이 파동을 가둔다. 손가락으로 관의 구멍을 막음으로써 허용되는 형태와 만들어진 음에 영향을 미친다.

악기는 우리에게 중요한 가르침을 준다. 파동이 내벽 사이에서, 관 혹은 상자 안에서 퍼져나가는 순간 자연 선택이 작동한다. 파동은 특정한 형태만 취하는데, 이 형태는 상자의 크기에 정확히 들어맞는다.

양자물리학의 선구자들은 일찍이 이 아이디어에서 영감을 얻어 그것을 원자 세계에 적용했다. 이들 대부분이 탁월한 음악가였기에 더 빨리 영감을 얻었을 수도 있다. 알베르트 아인슈타인과 루이 드브로이는 뛰어난 바이올리니스트였고 막스 플랑크와 막스 보른은 식견을 갖춘 피아니스트였다. 심지어 닐스 보어의 가장

뛰어난 제자 중 하나였던 빅토어 바이스코프(Victor Weisskopf)는 훗날 이렇게 말한다. "삶을 살 가치가 있게 만들어준 두 가지는 바로 모차르트와 양자역학이다."

전자들의 감옥

전자나 원자 같은 양자적 개체는 모두 측정되지 않는 한 파동처럼 움직인다. 따라서 피아노의 원리를 재현하려면 이 입자 중 하나를 작은 상자나 두 벽 사이에 몰아넣기만 하면 된다! 소리를 전달하기 위한 공기도 전혀 필요하지 않다. 입자 자체가 파동이기 때문이다.

이런 입자 상자가 어떻게 움직일지 예측하려면 치밀하게 계산하기보다는 차라리 이 상자를 직접 만들어 그것이 작동 중일 때 관찰하는 게 낫다. 2002년 캘리포니아 대학교 윌슨 호(Wilson Ho)

교수 연구 팀은 이것을 실행에 옮겼다. 이들은 터널 효과를 이용한 현미경을 사용했다. 이 현미경은 '나노 상자'를 구현하기에 최상의 도구인데, 이것을 통해 원자를 하나씩 조작하고 이동시킬 수 있다. 자, 이제 여러분께 제작 방법을 알려주겠다.

우선, 연구자들은 평평한 니켈 표면 위에 약간의 금을 증발시킨다. 금 원자들은 마치 빗방울처럼 니켈 표면 여기저기 아무 데나 침전된다. 현미경을 이용해 금 원자들이 정확히 어디에 있는지 확인한다. 이때 현미경의 탐침을 금 원자 하나에 접근시켜 전압을 이용해 이 원자를 검출할 수 있다. 이제 금 원자를 옮겨 또 다른 금 원자 바로 옆에 놓는다. 이 과정을 다른 원자들에서도 반복한다. 이런 식으로 20개의 금 원자를 정렬해 서로 밀착시킨다. 이 모든 과정은 전체의 완벽한 안정성을 확보하기 위해 극저온 상태에서, 그리고 모든 불필요한 먼지를 막기 위해 초고진공 상태에서 이뤄져야 한다.

이들이 방금 만든 원자들의 나란한 줄은 완벽한 양자 상자다.

길이는 원자 20개에 폭은 원자 1개 크기다. 그런데 상자를 채울 파동은 어디에 있는가? 사실 이미 그 안에 있다! 모든 금속 안에 있는 원자는 각각 전자를 방출하고, 이 전자는 자유롭게 움직이며 전류를 흐르게 할 수 있다. 이 금속 안에서도, 심지어 세계에서 가장 얇은 금속 안일지라도 이제 20여 개의 전자가 자유롭게 움직일 수 있다. 양자물리학 덕분에 각 전자는 파동처럼 움직인다. 그러나 상자를 벗어날 수는 없다. 각각의 전자는 작은 파도처럼 세계에서 가장 좁은 감옥 안에 갇힌다. 이때 물리학자들은 포획된 전자들의 속도를 측정한다.

어떤 결과가 나타났을까? 아이작 뉴턴(Isaac Newton)도 깜짝 놀랐을 것이다. 측정된 속도와 에너지는 분명 역학의 법칙을 잘 따르고 있지만 측정치가 한정되어 있다! 수천 번을 측정해도 물리학자들은 매번 10여 개의 값만 발견하며 이 값들은 항상 같다. 이 기이한 현상의 이해를 돕기 위해 고속도로에 있는 속도 위반 감지기를 떠올려보자. 이 감지기가 한 달 동안 10만 대 이상의 차량

을 플래시로 찍는다고 가정한다. 그런데 측정 결과를 살펴보니 모든 차가 언제나 시속 27킬로미터, 42킬로미터, 78킬로미터로만 달리고, 다른 값은 전혀 나오지 않는다! 감지기에 찍히지는 않겠으나…… 전자들을 자동차가 아니라 오히려 기타 줄 위에서 꼼짝 못 하는 파동처럼 생각해야 한다. 그것들은 특정한 형태만 취할 수 있으므로 특정한 속도만 가질 수 있다. 이것이 양자화 (quantification)다.

전자들이 택한 형태는 현악기의 형태와 놀라울 정도로 닮아 있다. 전자들의 파동함수는 1개 또는 2개 또는 3개의 마루를 가진다. 이것은 정지해 있으며 내벽 사이에 갇혀 전진도 후퇴도 할 수 없다. 슈뢰딩거 방정식은 상자의 크기를 알 때 정확히 이런 외형을 계산하기 위한 것이다. 그리고 계산을 통해 입자의 에너지도 알 수 있다. 이 에너지는 전자와 연결된 음 같은 것이다. 마루가 많을수록 음은 더 고음이 되고 에너지도 더 높아진다.

예측할 수 없는 양자 음(音)

그러므로 상자 안에 갇힌 양자 입자는 '양자화'된다. 이 입자는 예를 들면 1, 4, 9처럼 정확하고 구별된 값의 에너지만 가질 수 있다. 마치 특정한 음들만 연주하는 것처럼 말이다. 입자를 빛이나 전기로 들뜨게 해 입자의 에너지를 어떤 준위에서 다른 준위로 바뀌게 한다면, 그것은 반음 없이 미에서 파로 진행하는 피아노처럼 갑작스럽게 일어날 것이다.

물리학자들은 흔히 입자의 에너지를 악보 형태로 표현한다. 따라서 양자화는 불연속적인 세계를 표현하는데, 이 세계는 잘 분리된 층계참(層階站)들로 이뤄져 있고 한 층계참에서 다른 층계참으로 솟아오를 가능성은 있지만 두 층계참 사이에 있는 것은 절대 금지된다.

양자 입자가 파동처럼 움직인다는 것을 받아들인 물리학자에

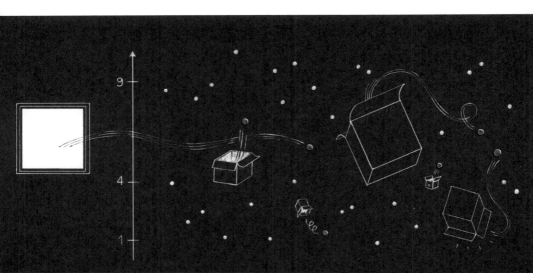

게는 이 개념이 전혀 놀랍지 않다. 그런데 이런 불연속적 단계를 발견한 당시 과학자들에게 충격을 준 것이 있었다. 그것은 완벽한 불확실성이 한 준위에서 다른 준위로의 도약을 지배하는 것처럼 보였다는 점이다. 양자물리학의 창시자 중 에르빈 슈뢰딩거와 닐스 보어는 이 주제에 관해 격렬히 대치했다. 슈뢰딩거는 이렇게 말했다. "양자 도약에 관한 이 엄청난 이야기 모두가 정말 지속되어야 한다면 내가 양자 이론에 손댄 것을 후회하게 될지도 모르겠다." 이 말에 보어는 농담하듯 이렇게 답했다. "하지만 우리는 당신이 그것을 다뤄주어 대단히 감사하다."

슈뢰딩거를 이해해야 한다. 그는 자신의 방정식을 이용해 양자물리학을 19세기 물리학인 전자기파에 관한 물리학의 품으로 다시 데려오기를 바랐다. 그런데 중요한 차이점이 이 '다정한' 목표를 물거품으로 만들었다. 그것은 바로 양자 도약의 불확실성이다. 이 이론에 따르면 양자 도약은 정확히 언제 일어날지 예측할 수 없는 상태에서 갑자기 그리고 무작위적으로 일어난다. 이 점이 모든 결과에는 정확한 원인이 있다는 인과성의 법칙에 문제를 일으킨다. 슈뢰딩거는 도약할 때의 이런 불확실성을 받아들일 수 없었다.

이 같은 도약을 측정할 수 있도록 결정적 문제 해결에 나선 실험들은 슈뢰딩거가 사망하고 25년이 지난 1986년에야 이뤄졌다. 세 연구 팀이 동시에 양자 도약을 직접 관찰하는 데 성공했다. 실험은 매혹적이었다. 우선, 전자기장을 이용해 원자를 진공 상태에 가둔다. 가장 낮은 에너지 준위에 떠 있는 원자는 홀로 있고 거의 움직이지 않는다. 이때 이것을 초록색 레이저 광선으로 자극한다. 이것이 갑자기 들뜬 상태로 도약해 형태와 에너지가 동시에 변한다. 그러나 이게 오래 지속되지는 않는다. 이 원자는 제공되었던 에너지를 방출하며 아주 빨리 처음 상태로 되돌아온다. 그러기 위해 이 원자는 잉여 에너지를 가진 광자를 방출한다. 이 과정은 초당 거의 10억 회로, 아주 빈번히 발생한다. 레이저 효과로 원자는 높은 준위로 도약하고 빛을 방출한 다음 낮은 준위로 되돌아온다. 다시 말해 원자는 빛난다.

물리학자들은 아무 원자나 선택하지 않았다. 그들이 바륨을 택한 이유는 바륨이 아주 특별한 속성을 지니기 때문이다. 이 원자에 적절한 레이저 광선을 쬐면 때로 빛을 내며 계속되는 왕복 과정에서 벗어나 더 높은 다른 준위로 도약해 그 준위에서 꼼짝 못 한다. 이때 원자가 처음 상태로 돌아가는 데 걸리는 시간은 나노초가 아니라 몇 초 정도다. 그리고 기다리는 동안 원자는 광자를 방출하지 않고 더는 빛나지도 않는다. 따라서 바륨이 맞게 될 운명은 두 가지다. 올라갔다 1층으로 다시 내려오기를 계속하며 찬란하게 빛나든가, 2층으로 올라갔다 그곳에 10여 초간 갇혀 더는 작은 불빛조차 내지 않든가.

이렇게 연구자들은 양자 손전등을 만난다. 이것은 원자가 들떴다가 처음 준위로 되돌아올 때 켜지고, 원자가 두 번째 준위에 갇히는 순간 꺼진다. 그들에게 측정할 것은 더 이상 없다. 그들이 보는 것은 바로 104초간의 빛, 6초간의 암흑, 90초간의 빛, 16초간의 암흑, 41초간의 빛 등이다. 명암의 교대는 완벽히 예측 불가능하다. 원자는 첫 번째 혹은 두 번째 준위로 올라갈 때마다 주사위를 던지는 것처럼 보인다. 따라서 양자 도약은 순수한 우연의 지배를 받는다. 슈뢰딩거는 회의를 가졌지만 말이다.

온갖 종류의 양자화

양자화는 상자 안에 갇힌 입자에만 영향을 미치는 게 아니다. 이것은 양자물리학을 지배하는 수학에 깊숙이 자리 잡고 있으며 다른 많은 상황에서도 나타난다. 예를 들어보자. 철사 두 개가 겨우 맞닿을 때 하나의 철사에서 다른 철사로 흐르는 전류는 작은 다발인 '양자'를 통해 지나간다. 마찬가지로 어떤 입자가 지니는 작은 자성인 스핀(spin)은 양자화되어 있다(10장 참조). 원자 안에 있는 전자들의 에너지 역시 양자화되어 있다(4장 참조).

　이 양자화를 피하는 유일한 해결책은 입자가 완전히 자유로워지는 것이다. 전자나 광자 하나를 택해 그것을 우주 공간으로 보내라. 그 무엇도 그것을 구속하지 않을 때 그것은 어떤 에너지라

도 채택할 수 있다. 더 이상의 양자화는 없다. 비록 그 입자 자체
는 언제나 상당히 양자적이지만 말이다. 한마디로, 'quantum'이
라는 이 모호한 어휘로 인해 혼란스러워하지 말기 바란다. '양자
(quantum)'라는 단어는 흔히 '양자화(quantification)'를 뜻하기도 하
지만, 늘 그런 것은 아니다.

CHAPTER 4

원자를 그려줘
원자는 어떻게 생겼을까

두 딸은 모두 과학에 흥미가 있지만, 내게 물리학에 관해 묻는 일이 거의 없다. 그러던 어느 날 기이한 우연의 일치로 두 딸이 각각 나에게 강의를 더 잘 이해할 수 있도록 도와달라고 한다. 첫 성공! 작은딸은 자신이 이온과 원자가 무엇인지 잘 이해했는지 확인하고 싶어 한다. 큰딸은 처음으로 양자물리학 강의를 들었고 거기서 불확실성의 원리에 근거해 원자의 크기를 계산하는 방법을 배웠다. 그래서 나는 아이들의 교과서를 들여다보기로 마음먹었는데, 교과서에서 이상한 그림을 발견했다.

중학교 1학년 책에서 전자는 초록색 작은 공으로 표현되며 이것들이 빨강과 파랑으로 표현된 핵 주위 궤도를 돈다. 고등학교 이상의 상급 기관에서는 점묘화식 그림을 통해 구름 같은 느낌을 주는데 핵 주위를 수많은 미세한 전자가 둘러싼 모양새다. 나는 SNS에 글을 올려 다른 교과서에 나온 그림들을 보내달라고 요청했다. 그림들은 넘쳐났으나 모두 다르고 모두 잘못된 것이었다!

정말로, 축소 비율이나 색깔 같은 조그만 디테일로 트집 잡는 게 아니다. 그림들이 진실로 모두 잘못되어 있다. 어째서 물리학자들은 그런 그림들을 비판하지 않고 제대로 만든 자신의 그림을 내보내지 않는가? 우리는 원자가 정말로 무엇을 닮아 있는지, 적어도 수학적으로는 알고 있다. 그것도 이미 100여 년 전부터 말이다. 그런데 바로 그 점이 어렵다. 이해 가능한 그림으로써 무엇을 제시할지 합의를 전혀 이루지 못한다.

그때부터 각자 자신에게 중요한 것을 앞세우며 자기 식대로 원자를 그린다. 각자 중요하게 여기는 것은 이를테면 전자의 수, 전하, 질량, 에너지 준위, 화학 결합 등이다. 아주 실리적인 이유도 있을 것이다. 예를 들면 단순하고 이해할 수 있게 만들기, 훼손되거나 흐릿하지 않게 하기, 칠판이나 공책에 원자를 쉽게 그릴 수 있도록 하기, 시험 날짜에 그림을 잘 복원해서 그릴 수 있도록 하기 등. 이제 10개의 그림을 통해 양자 원자를 잘 그리기 위한 10계명을 제시하겠다.

잊어버려야 할 태양계 모형

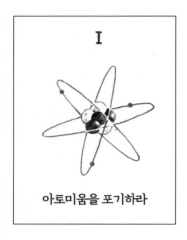

아토미움을 포기하라

원자는 정말로 무엇과 비슷한 모양일까? 그림 I에 나타난 가장 널리 알려진 모형을 살펴보자. 핵 주변에서 전자들이 타원형 궤도를 따라 돌고 있다. 이것은 심지어 물리학을 대표하기 위해 흔히 사용되는 상징이다. 원자가 태양계와 닮아 있다는 이 아이디어는 매력적이다. 우주는 크게든 작게든 같은 방식으로 이루어져 있을 것이다. 하지만 과학에서는 유추의 미에 눈이 멀지 않도록 하는 게 중요하다!

행성 모형을 잊어라

이 아이디어가 성립되지 않는 이유를 살펴보자. 태양의 인력을 받는 지구의 이미지를 잠깐 떠올려보자. 이 장면에서 전자는 마찬가지로 핵의 인력을 받으며 그림 II에서처럼 핵 주위를 돌기 시작한다. 지구와 달리 전자는 음전하를 띤다. 그런데 물리학의 가르침에 따르면 가속된 전기 입자는 모두 주변에 에너지를 방출한다. 그러므로 전자는 아주 빨리 에너지를 잃고 불가피하게 느려져 핵에 가까워질 것이다. 이 행성 모형에서 전자는 아주 짧은 시간이 흐른 뒤 에너지가 부족해 결국 핵으로 붕괴하고 말 것이다!

원자의 벽을 허물어라

이게 다가 아니다. 원자들은 우리 주변 대기 중에서 끊임없이 서로 충돌하는데 그 속에서 어떻게 살아남을 수 있는 걸까? 충돌할 때마다 원자들의 궤도는 매우 불안정해질 것이다. 가장 골칫거리는 이를테면 철이라는 똑같은 원소의 원자는 어디에서 지구로 왔건 그리고 심지어 우주에서도 모두 같은 화학적·물리적 운동을 한다는 것인데, 이것을 어떻게 설명할까? 이 원소의 전자들이 한 원자에서 다른 원자로 이동할 때 어떻게 1/100나노미터의 정확도로 같은 궤도를 택하는 걸까? 한마디로, 작은 전자 구슬들이 핵을 둘러싸고 있다는 이 가설은 전혀 가능하지 않다.

어쨌든 앞서 살펴보았듯, 양자물리학은 우리가 상상하는 전자의 모습을 다시 생각할 수밖에 없게 만든다. 이것은 궤도를 도는 작은 점도 아니고 전기를 띤 작은 행성도 아니다. 전자는 파동인데 물론 확률 파동이고 그것을 측정하지 않는 한 파동이다. 그러므로 원자를 머릿속으로 그려내기가 무척 까다로울 것이다. 어떻게 여러 전자가 각각 파동으로 움직이면서 동시에 서로 공존할 수 있는지도 알아봐야겠다. 비밀의 열쇠는, 물론 양자화다!

수소를 살펴보자

우리가 앞 장에서 강조했던 게 무엇인가? 입자가 상자 안에 갇히면 이 입자의 파동함수는 특정한 형태와 특정한 에너지를 갖는다는 점이다. 이것이 바로 양자화다. 하지만 원자는 상자가 아니다. 원자는 전자들을 가둘 단단한 내벽을 갖고 있지 않다. 그러나 문제를 조금 단순화시켜 가장 가볍고 기본적인 원자인 수소를 생각해보자. 이것은 지구에서뿐 아니라 우주에서도 필수적이며 우주에 가장 많이 존재하는 원소다. 이것은 1억 분의 1미터 정도로 작다. 그리고 하나의 양성자 주위에 단 하나의 전자가 존재한다.

전기적 상호작용을 일으켜라

수소의 핵은 양성자의 전하인 양전하를 띤다. 전자는 음전하를 띤다. 전기의 법칙은 이런 작은 규모에서도 변하지 않으므로 양전하인 핵이 음전하를 띤 전자를 끌어당긴다(그림 Ⅳ에 나타난 것처럼).

슈뢰딩거 방정식이라는 훌륭한 도구를 이용해 이 인력의 효과를 계산해 보자. 이 방정식에 그림 V에서처럼 핵이 만들어낸 전위를 넣기만 하면 된다. 이때 방정식의 해는 파동함수, 즉 대략적인 전자의 형태를 알려준다. 결과는 놀랍다. 핵은 전자를 가두는 일종의 전기적 감옥처럼 움직인다. 그렇다. 이것은 단단한 내벽이 있는 실제 상자가

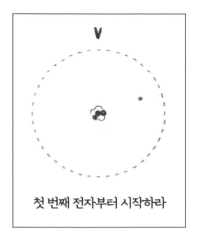

첫 번째 전자부터 시작하라

아니고 핵이 자기 주변에 쳐놓은 일종의 전기 그물이다.

요컨대 핵은 '전기 덫'을 만들고 이 덫은 결국 실제 상자와 같은 효과를 가진다. 따라서 양자화는 여기에서도 작동한다. 이제 전자의 파동함수는 특정한 형태와 특수한 에너지만을 가진다. 가장 단순한 파동함수는 가장 낮은 에너지의 파동함수로, 이것은 그림 VI과 VII에서처럼 가장자리보다 중심의 밀도가 높은 동그란 공과 비슷하다.

바로 그것이 수소 원자와 비슷하다. 중앙에 있는 핵은 터무니없이 작은 양성자로 10억 분의 1미터의 100만 분의 1

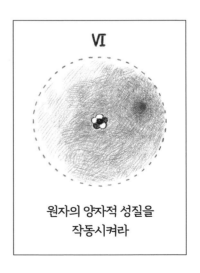

원자의 양자적 성질을 작동시켜라

원자를 그려줘

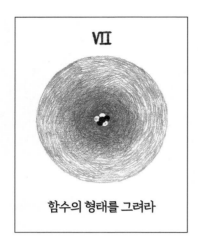

VII

함수의 형태를 그려라

정도이며 이것은 원자 자체 크기의 10만 분의 1이다. 이것 역시 양자 물리학 법칙의 지배를 받지만, 이 핵을 지배하는 힘과 질량은 어마어마하게 크며 조금 뒤에서 다룰 핵 물리학 영역에 속한다. 지금으로서는 핵이 거의 점에 가까울 정도로 작고 놀라울 정도로 높은 밀도를 가진다는 점을 기억하자. 이 핵 주변에 전자가 펼쳐져 있고, 전자는 핵에 비해 엄청나게 작으며 부피가 크다. 전자는 10분의 1나노미터 정도 크기의 구를 닮은 일종의 구름이며 양성자 무게의 2,000분의 1 정도로 가볍다. 가장자리는 선명하지 않으며 구름은 점차 사라진다.

엄선한 레이저 광선을 이용해 이 원자를 들뜨게 하면 전자가 갑자기 더 높은 에너지로 도약하고 전자의 파동함수 역시 갑자기 변화해 새로운 형태를 가진다. 우리가 원자 속으로 들어갈 수 있다면 그 안에서 전자가 이루는 동그란 구름이 갑자기 커지는 것을 보게 될 것이다. 그런데 미묘한 차이가 있다는 점을 기억하고 주의하자. 이 큰 구름 모양의 구는 많은 그림에서 암시하듯 그저 핵 주변에서 전자가 움직인 흔적이 아니다. 이것은 오히려 가능성의 지도다. 전자를 측정한다면 그것은 이 구 안 어딘가에서 무작위로 발견될 것이다. 그런데 전자는 방해받지 않는 한 이 구 안에 있다. 이것이 독자를 속이지 않고 전자를 표현하기 어려운 이유다. 그런데 지금 우리는 수소 이야기만 했을 뿐이다.

거기서는 이제 아무것도 보이지 않아!

이제 탄소처럼 좀 더 무거운 원자를 생각해보자. 탄소는 지구상 생명체의 출현에 필수적인 원소로, 6개의 양성자와 6개의 중성자로 이뤄진 핵을 가진다. 핵 주위에는 6개의 전자가 있다. 여기서도 마찬가지로 각 전자의 형태를 정하기 위해서는 수소의 핵을 전기적으로 6배 더 강력한 핵으로 바꿔준 뒤 슈뢰딩거 방정식을 풀어야 한다.

불행히도 이렇게 하면 전자가 음전하를 띠며 자기들끼리 상호작용한다는 사실을 간과한 것이다. 계산이 훨씬 복잡해지고 심지어 너무 복잡해서 방정식을 풀 수 없게 된다. 그렇다. 놀라운 일일 수 있지만 평범한 탄소 원자의 경우 우리는 언제나 슈뢰딩거 방정식의 정확한 해는 다루지 않는다! 존재를 단순화하기 위해 물리학자들은 근사치를 계산한다. 그들의 가정에 따르면 핵뿐 아니라 각 전자는 나머지 5개의 전자를 통해 만들어진 일종의 큰 구름만 본다. 최종적으로 얻어진 결과는 수소에서 설명한 것과 매

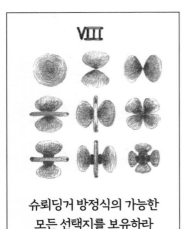

슈뢰딩거 방정식의 가능한 모든 선택지를 보유하라

우 비슷하다. 즉 여기서도 각 전자는 특수한 형태를 가진다.

전자들이 가질 수 있는 형태는 에너지가 가장 낮은 것부터 가장 높은 것까지 모두 가능하다. 이것은 전자들이 가질 수 있는 외형을 모두 모은 일종의 카탈로그를 제공하는데, 이 목록은 우주의 모든 전자가 자신의 옷을 고를 수 있는 옷방이나 마찬가지다. 여러분은 그림 VIII에서 몇 가지 옷을 감상할 수 있다. 멋지지 않은가?

놀랍게도 이 양자적 의복들은 그저 점점 커지는 구가 아니다. 전자들은 훨씬 독창적인 실루엣과 2개의 구, 2개의 로브(잎사귀 모양), 4개의 로브, 대칭되는 로브가 벨트를 두른 형태 등을 취한다. 이 기본 재료를 가지고 단순한 형태, 크게 대칭을 이룬 형태, 정육면체, 사면체 등을 상상할 수 있다. 여기서도 그렇지만 자연은 우리의 상상보다 훨씬 독창적이라는 점을 인정할 수밖에 없다.

이 파동함수의 원형들을 '오비탈(orbital)'이라고 한다. 그런데 이것은 행성의 궤도를 연상시키므로 그릇된 명칭이다. 오비탈은 크게 's'라고 불리는 구, 'p'라고 불리는 2개의 로브, 'd'라고 하는 4개의 로브 등으로 분류된다. 이 기이한 덩어리들이 우리 우주에 있는 모든 원자를 이해하기 위해 사용 가능한 유일한 어휘집이다. 여기서도 또다시 슈뢰딩거 방정식을 통해 원자 안의 전자 수를 늘려나가면서 이 오비탈들을 계산할 수 있다.

우리는 이제 어떤 원자든 그려낼 준비를 마쳤다. 일단 핵 안의 양성자 수와 같은 수의 전자를 사용해야 한다. 이것이 원자번호이고 Z로 표기한다. 각 원자는 각기 다른 Z를 가진다. 예를 들어 수소는 전자가 하나이므로 1, 탄소는 6, 금은 79다. 레고 놀이처럼 우리는 다음과 같은 유일한 규칙을 따라야 한다. 슈뢰딩거 방정식이 제공하는 유일한 카탈로그에서 이 전자들의 파동함수를 골라내는데, 최저 에너지로부터 출발해 전자 '두 개'마다 한 단계씩 올라갈 것. 이러한 제약은 파울리의 배타 원리에서 비롯된다. 이 원리에 따르면 서로 다른 스핀을 가진 전자 두 개는 같은 형태를 가질 수 있다(10장 참조).

이 모든 전자는 나란히 옆으로 붙어 있지도 않고 양파 껍질처럼 나머지 위에 또 다른 것들이 쌓여 있지도 않다. 실상은 훨씬 당혹스러운데, 전자들은 그림 IX에서처럼 어떤 것이 다른 것 '안에' 있다. 그것들은 같은 장소에서 문자 그대로 상호 침투하며 마치 합쳐지려는 구름 같다.

이것이 원자를 표현하기가 까다로운 이유다. 우리는 그림 X에서 전자를

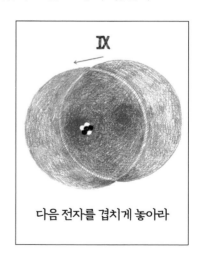

IX

다음 전자를 겹치게 놓아라

X

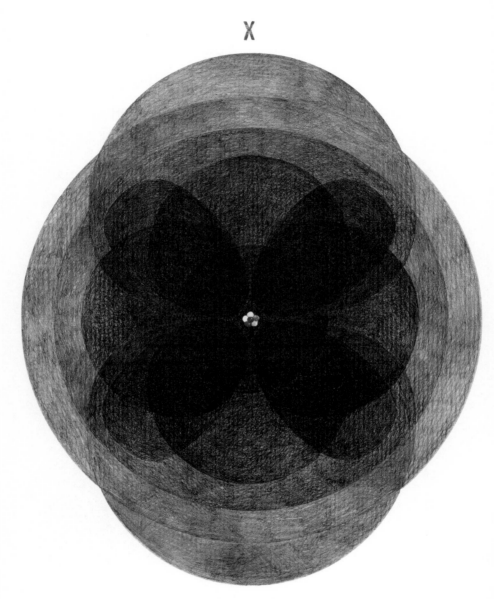

이런 식으로 모든 원자를 그려라

몇 개 포함하는 원자를 표현하려고 했다. 가장자리가 희미하며 복잡하고 덩어리진 형태를 그려야 하는데, 이것들은 서로 겹쳐 있으며 때로는 덩어리의 수가 아주 많다. 전자를 79개 가진 금 원자를 생각해보라. 이것의 올바른 모양을 판단하려면 크기가 거의 같고 서로 겹쳐 있는 오비탈을 79개나 그려야 할 것이다! 이런 이유로 가장 가벼운 원자에서부터 가장 무거운 원자에 이르기까지 원자의 크기는 그렇게 다르지 않다. 만일 전자들이 단순히 쌓인다면 금은 탄소 원자 그리고 지극히 작은 탄소의 전자 6개보다 최소한 10배는 커야 할 것이다. 하지만 실제로는 2배 클 뿐이다. 금 원자의 크기는 그것의 가장 큰 전자 오비탈의 크기와 같기 때문이다.

양자 레고

이 특이한 건축 게임은 우리 우주에 지대한 영향을 미친다. 이 게임은 언제나 같은 규칙에 따라 같은 재료를 이용해 이뤄지므로 어떤 방법을 따르든 언제나 정확히 같은 결과가 나온다. 실제로 탄소 원자는 그것이 여러분의 몸, 대서양, 화성, 또는 이 책 등 어디에서 나온 것이든 언제나 정확히 같은 특성과 같은 형태를 가질 것이다. 이것을 '물질의 동일성'이라고 한다. 만일 외계인들이 지금 우주 반대편에서 과학을 가르친다면 이들이 아무리 다른 존재라 할지라도 이들의 원소 주기율표는 우리의 것과 같을 것이다. 우리도 그들이 보는 것과 정확히 똑같은 원자 내 전자의 결합 방식을 목격하고 있다. 그러므로 원자는 그리 다양하지 않다고 할 수 있다. 역설적이지만 이렇게 정해진 틀이 있음에도 불구하고 카탈로그는 우리 세계에 특별한 다양성과 풍부함을 제공하는 놀라운 원자들을 허용한다.

정확히 말하자면 원자에 핵심적 특성을 부여해 이 원자를 비슷한 다른 것과 구별 짓는 것은 사실 각 원자의 전자 중 맨 마지막 전자다. 헬륨을 예로 들어보자. 이것은 무색의 비활성 기체여서 검출하기가 어렵다. 주기율표에서 헬륨 바로 옆에 있는 리튬 원자는 핵이 좀 더 무겁고 좀 더 큰 전기를 띠고 있으며, 특히 전자의 수가 한 개 더 많다. 이 부가된 전자가 이 원소의 특성을 완전히 바꾸어 이것을 금속성을 띤 고체로, 극도로 반응성이 강한 원소로 만든다.

마지막 전자의 오비탈 형태는 이 원자가 다른 원자들에 달라붙는 방식에도 영향을 준다. 화학자는 이 점을 이용해 어떤 원자들이 함께 반응해 분자를 형성할 수 있는지 연구한다. 오비탈의 다양성과 원자들이 서로 합쳐지는 방식의 다양성 덕분에 액체, 기체 또는 고체, 금속, 절연체, 단단하고 무른 물체, 색깔, 광채가 나는지, 투명한지, 자성을 띠는지 등 여러 양상이 나타난다.

훌륭한 증거들

따라서 원자를 정말로 이해시켜줄 수 있는 양자 이론을 기다려야 겠다. 그런데 이 관점이 정말 좋은 것인지 어떻게 알 수 있을까? 이번에도 실험만이 이론 모형을 현실에 견줄 도구가 될 수 있다. 그런데 여러분이 전자를 측정해 이 전자의 오비탈 형태를 확인하 려고 하면 이것은 축소되어 한 점이 될 것이다.

다행히도 기체 관찰에 근거한 다른 방법이 있다. 수소 가스를 예로 들어보자. 이것을 차폐된 벽 안에 가두고 방전을 이용해 들 뜨게 한다. 그러면 갑자기 가스가 분홍빛을 낸다. 색깔을 확인하 기 위해 이 빛을 프리즘에 통과시켜보라. 작은 유리 프리즘을 통 과하면 이 빛은 마치 물방울이 무지개를 그려내듯 확실히 분해될 것이다.

여러분은 무엇을 보게 될까? 분홍빛은 사실 서로 다른 네 가지 색깔로 이뤄져 있는데 진분홍, 청록, 파랑, 보라다. 스펙트럼 띠라 고 하는 이 색들은 일종의 원자 신분증이다. 기체를 들뜨게 하면 기체의 전자들은 갑자기 더 높은 에너지로 도약해 형태를 바꾼다. 그리고 잠시 후 처음 상태로 되돌아온다. 그렇게 하면서 전자들이 빛을 내는데, 이것이 우리가 프리즘을 통해서 보는 빛이다.

그런데 이 빛의 색깔은 전자들이 받았다 되돌려준 에너지와 직접적으로 관련된다. 보라색은 네 번째 에너지 준위와 일치하고 파란색은 세 번째 에너지 준위와 일치하는 식이다. 먼저 각 스펙트럼 띠의 색깔, 즉 띠의 파장을 측정한 다음 그것을 에너지로 전환해 준위의 높이를 얻어내고 이것을 이론상 예측과 비교할 수 있다. 그리고 이것은 효과가 있다! 이론과도 훌륭하게 일치한다. 이런 식으로 양자 모형은 방출된 기체의 색깔을 통해 입증된다.

　다른 수많은 증거를 통해서도 이 모형을 확인할 수 있지만 모두 간접적인 증거다. 아네타 스토돌나(Aneta Stodolna) 이전에는 누구도 전자의 형태를 '촬영'할 수 없었음을 인정해야 한다. 이 네덜란드 물리학자는 불과 몇 년 전 수소 원자의 형태를 포착하는 데 성공했다. 그녀는 연구 팀과 함께 영리한 장치를 개발했다. 우선 레이저 다발을 전자에 충돌시키는데, 이 다발의 에너지는 원자가 가진 전자를 정확히 하나만 뽑아내기에 알맞다. 이 전자는 전기장 덕분에 마침내 검출기로 향하는데, 이때 전자는 몇 가지 경로를 따를 수 있다.

　그런데 전자는 경로를 선택하지 않으며, 그 결과 두 슬릿 실험(1장 참조)에서처럼 전자의 파동함수가 모든 경로를 동시에 이용한다. 여기서도 마찬가지로 파동은 세부적으로 나뉜 다음 자체적으로 간섭을 일으키고 이것이 파동의 형태를 바꾼다. 결국 파동은 특수한 위상을 보이며 검출기에 도달하고 간섭이 보강간섭이냐 상쇄간섭이냐에 따라 특정한 곳에 환원되어 나타날 것이다.

　실험의 기발함은 특이한 예측법과 관련이 있다. 이 수소 원자의 경우, 전기장 및 정확한 구성에서 검출기 표면에 형성된 형상은 수소의 파동함수와 정확히 동일한 형태를 갖는다. 한마디로, 신기한 몽타주를 통해 수소의 파동함수가 만드는 그림자를 포착할 수 있다! 실제로 스토돌나 박사는 구형의 모양과 예상되는 밀도 변화를 정확히 관찰했는데, 이 오비탈 's'는 거의 100년 전부터 대대로 학생들에게 가르쳐왔으나 그녀 이전에는 누구도 그것을 직접 본 적이 없었다.

다른 많은 실험을 통해 개별 원자와 분자의 움직임을 연구하고 있는데, 이것 자체로 하나의 연구 분야다. 가장 최근의 진전 중 하나가 원자 안 전자들의 움직임을 '촬영'할 수 있게 된 것이다. 문제의 현상들이 너무 재빠르기 때문에 이는 가능하지 않은 것으로 보였다. 상상해보라. 아토초(attosecond)마다 전자의 위치를 포착해야 하는데, 아토초는 100경 분의 1초를 말한다. 아토초를 1초에 견주는 것은 1초를 우주 나이에 견주는 것이나 마찬가지다!

그토록 짧은 시간에 카메라를 꺼낸다는 것은 소용없는 일이다. 이것을 위해 연구자들은 새로운 유형의 레이저를 이용한다. 아주 짧고 강력한 레이저 펄스, 즉 빛을 소량 방출해 원자를 향해 보낸다. 이 레이저가 즉시 원자를 들뜨게 한다. 그리고 바로 덜 강력한 두 번째 펄스가 원자를 강타한다. 이것은 첫 번째 펄스 이후 원자의 상태를 탐구해 원자가 어떻게 반응했는지 보기 위한 것이다. 마치 첫 번째 사람이 당신을 강타한 뒤 곧 두 번째 사람이 나타나 당신의 반응을 보려고 사진 찍는 것과 비슷하다. 실험은 똑같이 반복되지만 매번 두 개의 펄스 사이에 시간 간격을 조금 둔다. 이 측정 결과를 점진적으로 모두 합치면 원자 안에서 전자들의 모든 반응이 매 순간 양자 스톱 모션으로 재구성된다!

결과는 눈부시다. 마침내 연구자들은 전자가 어떻게 직접 형태를 바꾸는지, 전자가 어떻게 한 분자 안의 어떤 원자에서 다른 원자로 이동하는지, 또는 어떻게 전자가 금속 안에서 초전도체가 되는지, 또는 전지를 연결할 때 전자가 어떻게 전류를 전달하는지 알아냈다. 최근에 독일 연구 팀은 수백 젭토초(zeptosecond) 정도의 정확성을 기해 헬륨 원자에서 뽑아낸 전자의 '영화'를 관람하는 데 성공했다. 젭토초는 아토초의 1,000분의 1만큼 되는 찰나다. 지금으로서는 이것이 세계에서 가장 빠른 찰나의 실험이다.

검은 상자

이 기술들은 모두 원자에 대한 우리의 이해를 돕는다. 하지만 어떤 물리학자도 원자에 대한 양자 모형을 채택하게 하는 이 기술들을 예상하지 못했다. 1930년대부터 누적된 간접적 증거들은 과학자들을 설득시키기에 충분했다. 바로 그 점이 현대물리학 연구의 가장 어려운 특성 중 하나다. 어떤 대상을 직접 보지 않고 그것을 이해하고 증명하고 조작하는 것이 가능하다.

피에르 마리 퀴리 대학(파리 6대학)의 한 동료는 학부 학생들에게 놀라운 제안을 한다. 학년 초에 학생들은 모두 밀봉된 작은 검은색 상자 하나를 받는데, 그 안에는 수수께끼 물체가 숨겨져 있다. 그것이 무엇인지 알아내기 위해 학생들은 자신이 원하는 과학 실험을 무엇이든 해본다. 이를테면 무게 재보기, 뒤집어서 보기, 자석 대보기, 물에 담가보기 등이다. 하지만 학기가 끝날 때까지 상자를 절대 열어볼 수 없다. 바로 이것이 물리학자의 일을 완벽히 요약한 것이다. 꾀를 부려 보이지 않는 것을 조사하는 것 말이다.

1908년에 장 페랭(Jean Perrin)이 원자를 진정으로 발견하고 그것의 지름을 측정했으나 1982년에 와서야 스위스와 독일의 두 물리학자가 터널 효과(6장 참조)를 이용한 현미경을 사용해 최초로 원자를 시각화하는 데 성공한다. 결국 물리학에서는 이해하기 위해 '볼' 필요가 없다.

CHAPTER 5

불확실한 물리학?

불확정성 원리

2018년 11월 16일 베르사유 컨벤션센터에서 전 세계 물리학자들은 역사적 결의안을 표결에 부칠 준비를 했다. 그것은 국제단위계의 변화였다. 참가자들은 열기가 넘쳤다. 각국 대표는 자기 차례에 일어나서 구두로 '예스(Yes)'를 외치며 자국 표지판을 들었다. 우루과이 대표가 마지막으로 '예스'를 외치자 모든 과학자가 일어나 진심으로 박수갈채를 보냈다. 이들은 만장일치로 킬로그램에 대한 새로운 정의를 결의했다.

그때까지 킬로그램은 프랑스 세브르에 있는 국제도량형국 지하에 소중히 보관된 백금-이리듐의 작은 금속 원기둥을 이용해 정의되었다. '르그랑 K(le grand K)'라는 별칭을 가진 이 원기는 수년 동안 전 세계 저울을 규격화할 수 있도록 해주었다. 그러나 이제부터 킬로그램의 정의는 더 이상 실질적 물체에 의존하지 않을 것이다.

모든 아이디어는 '키블(Kibble) 저울'이라는 특이한 실험 장치와 관련이 있다. 이 저울 위의 물체를 들어 올리는 힘은 코일과 자기장이 만들어낸 전기력이다. 이 힘은 순전히 양자적인 두 가지 현상, 즉 조지프슨(Josephson) 효과와 홀(Hall) 효과를 통해 극도로 정밀하게 측정된다. 이 장치 덕분에 어떤 물체의 실제 질량은 소수점 이하 자릿수가 10개 이상 나올 정도로 정밀하다! 이 놀라운 정확성에 기반해 1킬로의 값을 더 이상 '르그랑 K'에 의존하지 않고 정할 수 있다.

이 실험은 아마도 가장 정확하고 재현 가능한 것 중 하나로, 진정한 과학의 보석이라 할 수 있으나 이 장의 주제는 아니다. 이것을 언급하는 이유는 양자물리학이 지금으로서는 가장 정밀한 과학이어서 이 학문을 사용해 킬로그램, 초, 미터 등의 단위를 결정할 수 있을 정도라는 점을 알려주기 위해서다. 이 점에 유념해 이어지는 내용을 읽어보자.

당신의 책은 불확실하다

읽고 있는 책을 들어 공중에 던져보라. 책이 날아갈 때의 위치와 속도를 가능한 한 가장 정확하게 측정하기 위해 여러분은 어떻게 할 것인가? 이를테면 그것을 촬영할 수 있을 것이다. 스마트폰 애플리케이션을 이용하면 경로를 포착하고 그것을 이미지별로 분해해 첫 번째 영역에서의 위치, 두 번째 영역에서의 속도 등의 정보를 얻을 수 있다.

이제 당신의 책이 겨우 1나노미터 크기라고 가정해보자. 당신이 실험을 되풀이한다면 이상한 일이 벌어질 것이다. 어떤 측정 도구를 사용하든 당신은 책의 위치와 속도를 동시에 정확히 알 수 없을 것이다. 즉 책이 매 순간 어디에 있는지 알 수 있다고 하더라도 책의 속도는 계속 변화하며 결국 흐릿하게 보일 것이다. 혹은 반대로 여러분이 책의 속도를 매우 정확히 측정하는 데 성공한다면 이번에는 위치를 알기 어려울 것이다. 아주 다른 두 개의 측정 도구를 고른다 해도 아무런 효과가 없을 것이다. 위치를 정확히 알아내려고 하면 속도는 제대로 되지 않은 값이 나올 것이고 반대도 마찬가지라는 점에 만족해야 한다. 바로 이것이 1927년 베르너 하이젠베르크가 발견한 불확정성 원리다. 이 원리는 타협의 형태를 제시하면서 내재적 한계를 설명한다.

안심해도 된다. 이 한계는 아주 낮으니까. 이 책처럼 몇백 그램 정도인 물체의 경우 이 원리 때문에 물체의 위치와 속도의 소수점 이하 17번째 자리의 수를 알아내기 어려울 것이다. 지각할 수 있는 효과가 전혀 없다 해도 과언이 아니다. 오직 원자 차원의 개체들만 이 원리의 진정한 희생양이다. 전자의 위치를 10나노미터의 정확도로 알아내고자 하면 속도의 부정확성은 초당 약 100킬로미터로 엄청나게 벌어진다. 당신이 측정해야 할 속도가 초속 2킬로미터인지 200킬로미터인지 당최 모르겠다는 말을 당신에게서 듣게 될 실습 교수를 도대체 어떤 사람이 맡고 싶겠는가.

1927년 하이젠베르크의 논문이 발표되었을 때 과학계의 곤혹스러움을 짐작해보자. 물리학의 역사에서 처음으로 한 원리가 어떤 대상에 대해 가질 수 있는 지식에 한계를 부여했다. 미래에 어떤 진전이 이뤄지든 이 원리의 예측에 따르면 우리는 '절대로' 특정 한계보다 더 잘 해낼 수 없을 것이다. 이것은 마치 현재와 미래의 모든 단거리 선수에게 우사인 볼트(Usain Bolt)가 가진 100미터 세계 기록은 결코 깨질 수 없을 거라고 말하는 것이나 마찬가지다.

심지어 이 원리에 따르면 측정 순서가 중요하다. 먼저 물체의 위치를 아주 정확히 측정한다면 바로 속도가 불확실해지며 그 반대도 마찬가지다. 완전히 새로운 사실로서, 측정은 사건들의 시간 순서에 영향을 받는 듯하다.

마지막으로, 지극히 혼란스러운 것은 이 원리가 경로라는 개념조차 문제시한다는 점이다. 갈릴레오 갈릴레이(Galileo Galilei)와 뉴턴 이후 많은 세대의 물리학자가 테니스공이든, 태양 주위 행성이든 혹은 달로 향하는 로켓이든, 모든 물체는 그것의 위치와

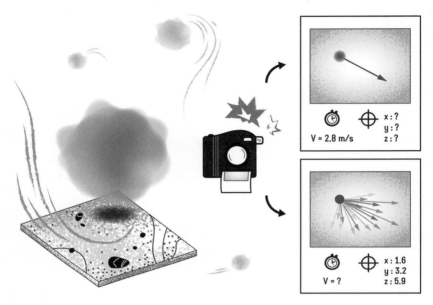

불확정성 원리는 하나를 선택할 것을 강요한다. 속도는 정밀하게 측정되지만 위치는 흐릿하든지(위) 위치는 정밀히 측정되지만 속도가 불확실해진다(아래).

속도를 통해 설명될 수 있다고 가정했다. 하이젠베르크의 원리에 따르면 양자적 물체의 경우 경로가 더는 실질적 의미를 갖지 못한다. 왜냐하면 위치를 측정하는 순간 이 물체의 속도가 바로 영향을 받기 때문이다. 다시 말해, 현실은 더 이상 그것의 관측과 별개로 존재하지 않는다. 한마디로, 하이젠베르크의 발견은 우주에 관한 또 다른 개념을 제시한다.

'양자' 타악기

이 원리는 어디에서 비롯되는가? 우리가 세계를 이해하는 데 넘을 수 없는 한계는 왜 존재하는가? 그것을 이해하기 위해 파동-입자 이중성으로 돌아가보자. 이미 살펴보았듯, 모든 입자는 측정되지 않는 한 파동처럼 움직인다. 이 파동의 형태는 '파동의 다발(wave packet)'과 비슷하다. 이것은 일종의 흔들리는 파도이고 공간의 작은 부분을 차지한다. 만일 입자의 위치를 정하려 하면, 그것은 이 영역 안 어디에선가 무작위로 나타난다. 그러므로 이 '다발'이 빽빽하고 폭이 좁을수록 측정 후 입자의 위치를 더 잘 알 수 있다. 속도를 알아내는 것은 더 까다롭다. 이것은 파장과 관련 있다. 공식을 적용하면 속도를 알 수 있다. 파동의 두 마루 사이 거리를 측정하고, 그것을 뒤집어 플랑크 상수를 곱한 뒤, 입자의 질량으로 나누면 된다.

이 방법을 따라 입자의 위치와 속도를 측정해보자. 입자의 함수는 다음 페이지 왼쪽 위 그림에 나타나 있다. 이 입자의 파동 다발이 여기서는 7개의 진폭으로 이뤄진다. 두 골 사이의 거리를 측정하면 속도가 아주 정확히 측정된다. 반면 위치는 첫 번째 골과 일곱 번째 골 사이 어딘가이며, 부정확하게 측정될 수밖에 없다.

오른쪽 위 그림에 표현된 다른 입자를 살펴보자. 이것의 파동 다발은 훨씬 좁다. 이번에는 위치를 정하는 데 아무 문제가 없다.

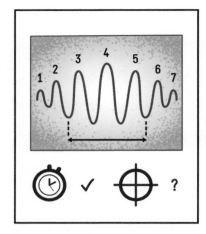

폭이 넓은 파동의 경우, 속도는 정확하나 위치가 부정확하다.

폭이 좁은 파동의 경우, 위치는 정확하나 속도가 부정확하다.

이 입자의 위치는 분명 유일한 골 주위 어딘가이다. 반대로 골의 수가 충분하지 않으므로 속도를 잘 측정할 수 없고, 그 결과 속도가 불확실하다.

바로 이것이 불확정성 원리의 근본이다. 만일 입자의 속도를 구한다면 그것을 적절히 측정하기 위해 진폭이 여러 개 필요하다. 하지만 이 경우 더 이상 입자의 위치를 알 수 없다. 이 원리가 강요하는 타협점은 양자적 물체의 파동성과 관련 있다. 그러므로 이 원리를 피할 수 없다!

그런데 이 원리가 보기보다 그렇게 대단한 것은 아니다. 우리는 이 원리를 모른 채 매일 이것을 실험하고 있다. 훨씬 친숙한 다른 파동인 음파를 예로 들어보자. 소리가 짧을수록 여러분은 언제 그 소리가 났는지 더 잘 알 수 있다. 이를테면 오케스트라의 작은북을 북채로 두드려보자. 소리가 짧고 예리하며 정확하다. 그러나 여러분은 이것이 도 음인지, 라 음인지 말할 수 없을 것이다. 반대로 피아노에서 연주된 것 같은 깨끗한 음을 몇 초간 듣는다면 그 음을 헤아려보고 그것이 도인지, 파인지, 레인지 쉽게 파악할 수 있을 것이다. 하지만 그것이 한동안 지속되었기 때문에 그 음을 시간 속의 특정한 순간과 결부시키기는 어렵다.

이 모든 것이 고도로 수학적인 것처럼 보일 수 있다. 그런데 정말로 이 하이젠베르크 원리를 직접적으로 볼 수 있을까? 몇 안 되는 실험에서 성공한 바 있다. 그중 하나가 오스트리아의 마르쿠스 아른트(Markus Arndt)와 안톤 차일링거(Anton Zeilinger) 팀의 연구다. 이론상으로는 아주 간단해 보이지만, 이 실험은 진정한 기술적 쾌거다.

먼저 작은 분자들을 하나씩 네모난 슬릿으로 보낸 다음 1미터 정도 떨어진 스크린 위에서 검출한다. 선택된 분자 C_{70}은 탄소 원자 70개로 이뤄진 럭비공 모양이다. 슬릿의 크기가 충분히 넓을 때 분자들은 언제나 슬릿을 통과한다. 당연하다. 분자들이 충돌하면 스크린 위에 점차 슬릿 자체의 그림자가 생기는데, 이것은 마치 뒤편의 과녁을 보면서 슬릿을 통과해 소총으로 연발하는 것과 비슷하다.

이제 연구자들은 슬릿의 크기를 조금씩 줄여간다. 이때 뜻밖의 현상이 일어난다. 충돌로 인해 더는 직사각형이 나타나지 않고, 구멍이 점점 좁아지면 스크린 위에 그려지는 모양이 넓게 펼쳐진다. 처음보다 50배 좁아진 직사각형의 경우 입자들의 충돌 폭이 그만큼 좁아지는 대신, 반대로 충돌로 생겨나는 그림은 50배나 더 넓게 펼쳐진다! 이것이 바로 불확정성 원리의 직접적 증거다. 구멍이 충분히 작을 때는 분자가 지나가는 위치를 정확히 표시할 수 있어 분자의 위치를 알 수 있다. 이때 이 원리의 명령에 따라 분자의 속도는 불확실하다. 그래서 분자는 곧 사방으로 움직이고 이때 검출 스크린에 넓게 펼쳐지는 것이다.

그러므로 양자물리학은 불확실하고 흐릿한 것의 세계라고 결론지을 수 있을까? 키블 저울을 떠올려보라. 이 학문은 우리가 적당한 질문을 던져주기만 하면 놀라운 정확성을 보여줄 수 있다. 미세구조상수를 예로 들어보자. 이것은 전기적 상호작용을 특징짓는 물리량으로, 그 값은 예측을 통해 도출된다. 그런데 이 상수를 실험실에서 측정해 얻은 값이 예측된 값과 10억 분의 1 수준까지 일치한다는 점을 생각해보라! 이것은 그 어떤 이론도 통과해본 적 없는 가장 정확한 테스트 결과다. 이 불확실성 원리가 양자물리학의 정확성을 제한한다는 인상을 주지 않으려고 하이젠베르크는 직접 이 원리의 이름을 '불확정성 원리'로 바꿀 것을 제안했다.

불확정성 원리가 거꾸로 이용당하는 경우

그런데 이 원리를 따르자면 경로라는 개념과 작별하고 입자의 속성들을 측정하는 순서에 신경 써야 한다. 그런데 이 원리의 성적표는 부진하다. 하지만 물리학자들은 어떤 수단이라도 갖다 쓸줄 안다. 그들은 거꾸로 이 고약한 원리를 그때까지 수수께끼로 남아 있던 몇 가지 현상을 이해하는 데 이용할 수 있었다. 불확정성 원리의 주목할 만하며 유용한 결과 네 가지를 살펴보자.

결과 1. 모든 것이 움직인다

만일 입자가 꼼짝하지 않는다면 입자의 위치와 0인 속도 둘 다 완벽하게 알 수 있을 것이다. 그리고 이 원리는 위반될 것이다. 그러므로 이 휴면 상태는 불가능하다. 이 원리를 준수하기 위해 모든 입자가 언제나 조금씩 움직이고 있다. 이것은 당혹스러운 예측이다. 왜냐하면 이것이 우리가 냉기를 이해하는 데 문제를 일으키기 때문이다.

열기와 냉기에 대해 잠깐 생각해보자. 온도는 매질 속 원자들의 운동과 관련 있다. 예를 들어 뜨거운 물 속에서 H_2O 분자는 차가운 물 속에서보다 활발히 움직이며 얼음 속에서보다는 더 활발히 움직인다. 온도란 혼합물, 여기서는 물 분자들을 이루는 입자들이 움직이는 정도를 말한다. 이때 온도는 섭씨나 화씨가 아니라 켈빈으로 표현되며, 둘 간의 변환은 간단하다. 섭씨 온도에 273.14를 더하면 된다. 따라서 절대 영도인 −273.14도에서 모든 것은 움직이지 않아야 하며 우리 주변의 대기를 이루는 원자들처럼 당신의 몸을 이루는 원자들도 마찬가지다. 열역학이 우리에게 알려주는 게 바로 이것이다.

그런데 불확정성 원리를 적용하면 열역학은 심지어 절대 영도에서도 원자들이 계속해서 조금씩 움직일 거라고 예상한다. 원자들은 '영점 에너지(zero point energy)'를 가진다. 구체적이며 놀라운 결과로 절대 얼지 않는 액체 헬륨이 존재한다. 심지어 절대 영도에 매우 근접한 온도에서 불확정성 원리에 의해 생기를 얻은 조그만 움직임으로도 이 액체의 원자를 요동시키기에 충분하며, 결과적으로 원자들이 고체를 이루지 못하도록 막는다. 다른 액체는 모두 얼지만 헬륨 원자들은 상호작용이 극도로 적어 쉽게 불안정한 상태가 된다.

그런데 헬륨이 절대 얼지 않는다는 사실은 과학자들에게 엄청난 행운이다. 이 액체를 다른 물질을 냉각시키는 데 이용할 수 있기 때문이다. 이것은 저온 물리학자와 극저온을 이용하는 산업 종사자들의 필수적 무기다.

결과 2. 원자의 크기

불확정성 원리는 준엄하다. 핵 주위에 전자가 한 개 있는 단순한 수소 원자를 예로 들어보자. 전자가 만든 파동이 핵에 아주 가까이 갇히면 결과적으로 전자의 위치를 정확히 알아낼 수 있는데, 핵 자체는 아주 작다. 이때 전자의 속도가 매우 불확실해져 아주 빨리 움직일 수 있고, 그 결과 원자를 벗어나 이 원자를 완전히 망가뜨릴 수도 있다. 반대로 전자가 넓게 퍼져 있어도 핵이 이것을 전기적으로 충분히 붙잡지 못해 역시 원자를 벗어난다. 그러므로 전자가 빠져나가지 못하는 최적의 크기가 있는데, 대략 10분의 몇 나노미터다. 이것이 원자들이 채택하는 크기다.

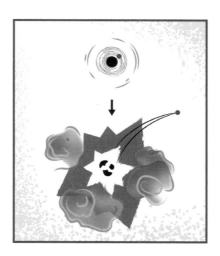

원자는 전자가 빠져나가는 것을 막는 데
필요한 만큼의 크기를 가진다.

결과 3. 태양의 죽음

하이젠베르크 원리가 가져온 결과 중 가장 감탄스러운 것은 완전히 다른 영역인 천체물리학 분야에 있다. 불확정성 원리를 통해 우리의 태양이 어떻게 죽어갈 것인지 예측할 수 있다. 한창 나이의 모든 별이 그렇듯 태양도 내부에서 섬세한 균형을 유지하고 있다. 중력은 태양의 모든 물질을 중심을 향해 돌려보낸다. 그렇더라도 태양이 붕괴하지는 않는다. 왜냐하면 1,500만 도에 가까운 엄청난 태양의 온도가 외부를 향해 일종의 압력을 발생시켜 중력과 평형을 이루기 때문이다.

태양이 마침내 생의 최종 단계에 들어 연료가 부족해지면 무슨 일이 생길까? 태양의 온도는 낮아지고, 결국 중력이 우세해질 것이다. 이때 태양은 스스로 붕괴할 것이고, 심지어 블랙홀이나 중성자별로 생을 끝낼 수도 있다.

이것은 불확정성 원리를 고려하지 않은 것이다. 붕괴 최종 순간 원자에서 분리된 전자들은 차곡차곡 쌓여 점점 더 압축된다. 하지만 배타 원리(10장 참조) 때문에 이 전자들은 같은 곳에 공존할 수 없다. 따라서 이것들은 두 가지 상반된 움직임에 갇히는데, 격렬하게 서로를 위로 밀어내지만 포개질 수는 없다.

1977년에 제작된 영화 〈스타워즈(Star Wars)〉 1편의 고통스러운 장면, 즉 주인공들이 쓰레기 압축기 안에 빠져 가차 없이 압사

당할 뻔한 장면을 기억하는가? 여기서는 각각의 전자가 일종의 재난 영화와 같은 상황을 겪는데, 그 안에서 전자의 생명 공간이 계속 줄어든다. 이때 불확정성 원리가 적용된다. 즉 공간이 줄어들면 그에 따라 속도는 증가한다. 붕괴할 때 각 전자는 점점 동요되고 속도가 빨라져, 결국 엄청난 동요 속에 전자를 짓누르는 보이지 않는 벽을 밀어낼 정도가 된다. 우리 태양의 경우 계산에 따르면 이 내부 압력이 충분해서 완전한 붕괴를 막을 수 있을 거라고 한다.

휴! 우리의 소중한 별은 결국 크기가 줄어 마침내 천천히 안정화되면서 뜨거운 공처럼 되는데, 밀도가 아주 높고 지구 크기만 한 이 공을 '백색 왜성'이라고 한다. 이 모든 일은 50억 년 후에나

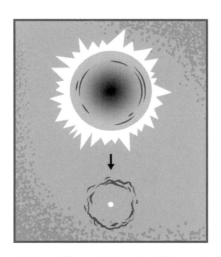

태양은 불확정성 원리로 인해 생의 마지막
에 백색 왜성으로 진화할 것이다.

일어날 테니 안심하시길. 하지만 양자물리학 덕분에 이 영화의 시사회를 여러분께 공개하게 되었다.

결과 4. 진공은 비어 있지 않다

불확정성 원리가 위치와 속도에만 적용되는 것은 아니다. 에너지와 시간도 이 원리와 관련이 있다. 아주 짧은 시간 동안 '불확실해'지는 것은 바로 에너지다. 에너지는 크게 변동하기 시작하는데, 때로는 미세하게 때로는 엄청나게 요동친다. 이 기이한 유령에너지는 끊임없이 나타났다 사라진다. 심지어 진공에서도 이 현상이 일어나는데, 그것을 '진공의 양자적 요동'이라고 한다. 이번

나란히 놓은 두 개의 금속판은 진공의 요동 덕분에 서로를 끌어당긴다.

에도 물리학자의 환상을 신뢰할 수 있을지 모르겠다. 도대체 어떻게 완전한 진공에서 이런 에너지의 임의적 격동이 나타난다고 상상할 수 있을까? 하지만 그 효과가 지극히 약하더라도 이 에너지를 관찰할 수는 있었다.

실험은 기발하다. 진공 속에 두 개의 금속판을 가까이 놓는데, 두 판의 거리는 몇 마이크로미터(㎛) 정도다. 이때 두 판이 아주 살짝 서로를 끌어당기는 것을 알 수 있다. 그렇다. 효과는 미미하다. 1제곱센티미터 크기인 두 판의 인력은 역시나 아주 약한 중력이 유발하는 인력의 100만 분의 1이다. 하지만 분명 이 인력이 존재한다. 이것을 '카시미르 힘'이라고 하는데, 이 힘의 존재를 예견한 네덜란드의 물리학자 헨드릭 카시미르(Hendrik Casimir)를 기린 명칭이다.

행렬이라는 이상한 나라

그러므로 불확정성 원리는 절대 영도로부터 별들의 죽음으로까지 우리를 인도할 것이다. 그래도 여전히 의문이 남는다. 어째서 어떤 양자 측정은 세계에서 가장 정확한 것일까? 속도와 위치의 동시 측정 같은 다른 측정은 그토록 제한적인데 말이다. 이 두 물리량이 저주받은 커플이 될 무슨 특별한 이유가 있는 것일까?

그것을 이해하려면 양자수학을 파고들어야 하는데, 공식과 추상적 개념에 겁먹지 않는 여러분 중 일부에게 약간의 우회로를 제시하려고 한다. 걱정스럽다면 주저하지 말고 다음 장으로 넘어가기 바란다. 하지만 그렇지 않다면, 과학적 수준이 어떻든 이어지는 내용을 읽어보는 것은 어떨까? 행렬의 나라로 여행을 떠나보자.

$$\langle \alpha | = \langle \tfrac{1}{\alpha} | \uparrow$$

양자물리학을 설명하려면 파동함수와 슈뢰딩거 방정식이 첫걸음이다. 하지만 더욱 강력한 수식이 있는데, 바로 행렬이다. 이 새로운 언어에서 파동함수는 벡터(vector)를 통해 표현된다. 작은 화살표로 표시되는 벡터는 보통 우리의 3차원 세계에서의 위치, 속도 또는 힘을 설명한다. 그런데 여기서 벡터는 힐버트(Hilbert) 공간이라고 하는 무한 차원의 공간을 점유한다.

이 공간에서는 축이 x, y, z 세 방향으로 뻗어 있지 않고 계(system)의 가능한 여러 상태와 일치하는 무한한 방향의 축이 있다. 여기에 입자의 벡터가 어떻게 표시되는지 연구하면 입자가 어떤 상태를 취할지 알 수 있다. 이것을 더 구체적으로 상상해보기 위해 가능한 모든 색깔로 표현될 수 있는 세계를 떠올려보자. 한 방향은 빨간색이고 다른 방향은 초록색, 또 다른 방향은 다른 색으로 표현될 것이다. 입자가 빨간색 축을 따라 정렬하면, 이 입자는 붉은색일 것이다. 놀라울 게 없다. 하지만 입자가 빨간색과 파란색 축 사이 45도에 걸쳐 뻗어 있고 이것이 단순한 혼합색인 보라색이 아니라 빨간색과 파란색이 겹쳐진 상태가 된다고 하자. 이 입자를 측정하면 이것은 1/2의 확률로 빨간색, 나머지 확률로 파란색이 나타날 것이다.

이런 형식은 추상적이긴 하지만 어떤 실험을 통해 도출된 결과라도 단순하고 강력하게 계산할 수 있도록 해준다. 예를 들어 입자의 속도를 예측하려고 해보자. 속도는 숫자들로 이뤄진 표, 즉 '행렬' 형태로 표기된다. 이 '연산자'는 벡터를 또 다른 벡터로 변환할 것이다. 물리학자

존 휠러(John Wheeler)는 이것을 일종의 살상 무기처럼 상상하길 좋아했는데, 이것은 마치 정육점의 고기 분쇄기처럼 그 안에 들어가는 모든 것을 다른 것으로 바꾼다.

두 가지 전형적인 사례가 나타날 수 있다. 가장 단순한 경우 연산자는 벡터를 축소하거나 확대하지만 벡터의 방향은 보존한다. 이때 확대 연산자는 입자의 속도값을 제공한다. 이것을 '고윳값'이라고 한다. 두 번째 경우 연산자는 벡터를 회전시킨다. 따라서 입자의 상태가 바뀐 것이다. 심지어 때때로 이 새로운 벡터는 금방 빨간색이 되었다 파란색이 되었다 하는 것처럼 여러 상태를 혼합한 방향을 가리킨다. 이 경우 입자를 측정하면 입자는 자신이 채택한 상태 중 하나를 '추첨'하는데, 이때 양자수학의 수식은 사용할 확률을 제공한다.

이제 모든 것을 불확정성 원리에 연결해주는 핵심에 도달했다. 어떤 연산자는 독특한 특성을 보이는데, 이것들은 '변환시키지' 않는다. 연산자를 사용하는 순서가 결정적이라는 뜻이다. 속도와 위치의 경우가 그렇다. 먼저 속도를 상태 벡터에 작용시켜보고 나서 위치를 작용시키면 위치부터 시작했을 때와 같은 결과를 얻지 못할 것이다. 다시 말해, 같은 것을 측정하지 못할 것이다. 바로 거기서 불확정성 원리가 비롯된다.

벡터와 행렬에 관한 이 모든 것이 선형대수와 관련 있다. 이 수학 분야는 양자물리학이 등장하기 오래전부터 연구되고 실제로 사용되었다. 그런데 이것이 원자 세계를 잘 설명하기 때문에, 심지어 이것이 오

래전에 맞춤으로 준비되었다가 사용될 때를 기다려온 게 아닌가 싶기도 하다. 이 선형대수의 적합성은 놀라울 정도여서 양자 계산에 깊이 빠져들수록 더욱 완벽한 것으로 드러난다.

그 점에 대해 저명한 물리학자 유진 위그너(Eugene Wigner)는 언제나 우리의 이해 능력을 벗어나는 진정한 기적이라고 말했다. 맥스 테그마크(Max Tegmark) 같은 다른 학자들은 위그너의 주장을 반박했다. 그들은 우주가 사실 그 자체로 수학적 구조물이며, 따라서 우주가 그러한 수학으로 잘 설명되는 것은 놀라운 일이 아니라고 한다. 어쨌든 고도로 추상적인 수학을 익히지 않고서는 물리학을 하기가 불가능하다.

CHAPTER 6

벽 통과하기
터널 효과

몇 년 전부터 나는 디자인 학교들과 협업해 과학 대중화를 위한 새로운 방법을 연구하고 있다. 한번은 프랑스 국립산업디자인학교에 양자물리학에 관해 함께 작업할 것을 제안했다. 몇 주 동안 학생들은 앞다투어 더 훌륭한 프로젝트를 기획했다. 폴은 로도이드(rhodoid, 플라스틱의 일종)를 특이하게 연결해 파동함수를 나타내도록 했다. 마리안은 목재를 이용해 파동 다발의 감소를 연출하기 위한 물건을 만들었다. 마틸드는 '양자 퐁(pong)'이라는 비디오 게임을 제작했다. 엘리자베트는 뒤얽힌 연인들에 관한 영화를 찍었다. 티보는 바라보면 꺼지는 램프를 만들었다. 루이즈는 중첩 상태를 시뮬레이션하기 위해 작은 거울이 달린 안경을 만들었다. 마지막으로 나타샤는 비디오 형식을 택해 양자 아파트가 어떤 모습일지 촬영했다.

나타샤의 스크립트를 인용하면 대략 다음과 같다. 한 남자가 초록색 식물에 다가가서 물을 충분히 준다—컷. 또 다른 남자가 아래층 아파트에서 TV를 보는데 천장에서 갑자기 빗물이 떨어진다—컷. 가스레인지 위 프라이팬 속에는 팬케이크가 들어 있다. 누군가 프라이팬 손잡이를 잡고 팬케이크를 뒤집는다—컷. 바깥쪽, 지붕. 갑자기 팬케이크가 나타나는데 마치 천장을 뚫고 나온 듯하다—컷. 선명한 오렌지색 토스터가 클로즈업된다. 거기서 갑자기 빵조각이 오른쪽으로 튀어나온다—컷. 이 빵조각이 바로 옆 욕실을 향해 날아가 배수구에 착륙한다—컷.

세 개의 시퀀스를 통해 나타샤는 터널 효과를 훌륭히 연출해냈다.

또 하나의 확률 이야기

빵 조각이 어떻게 부엌의 벽을 통과할 수 있을까?

여기서는 모든 게 에너지 문제다. 물리학에서 물체의 변화에 관해 우리에게 가장 많은 정보를 주는 것은 양이다. 그런데 양이란 우리가 매일 양에 대해 생각하는 것, 예를 들면 "오늘 아침엔 활력이 넘치는군"이라고 할 때의 양과 꼭 일치하는 것은 아니다.

오히려 양을 이용해 위치, 증가하는 온도, 변화하는 물체 등 어떠한 변화라도 수량화할 수 있다. 에너지가 많은 물체는 큰 변화를 일으킬 수 있다. 예를 들어 에너지가 많은 햄스터는 자신의 조그만 쳇바퀴를 더 오랫동안 돌릴 수 있을 것이다.

어떤 대상의 에너지를 계산하는 또 다른 방법은 이것이 다른 대상의 경로를 어느 정도까지 바꿀 수 있는지 관찰하는 것이다. 시속 10킬로미터로 달리는 자전거와 내가 충돌하면 내 경로가 어긋날 것이다. 그런데 시속 100킬로미터로 달리는 자동차는 내 경로를 더 많이 바꿀 것이다! 자전거와 자동차가 가진 에너지는 그것들의 속도와 질량과 관련이 있다. 이것을 운동 에너지라고 한다.

이번에는 같은 자전거를 에펠 탑 높이에서 내 머리 위로 놓아버린다고 해보자. 자전거가 밑에 도착했을 때의 충격은 분명 엄청날 것이다. 그런데 낙하 시작점에서 자전거는 움직이지 않기 때문에 운동 에너지를 갖고 있지 않다. 하지만 이것은 지상으로부터 300미터 이상 높이에 있을 때 그 안에 엄청난 타격을 가할 '퍼텐셜(potential)'을 가지고 있다. 여기서 작용하는 위치 에너지는 중력에서 비롯되지만 다른 힘과도 관련 있을 수 있다. 예를 들어 물건이 자석 근처에 있으면 자기적 위치 에너지가 있을 것이고 건전지에 연결되어 있으면 전기적 위치 에너지가 있을 것이다. 이 에너지는 밀어내거나 끌어당길 수 있다. 에너지에 관해서는 여기까지만 이야기하자.

이제 벽을 향해 발사된 빵 조각 이야기로 돌아가자. 아주 현실적인 이 상황을 물리학 문제로 바꾸려면 이것을 모형으로 만들어야 한다. 이를테면 빵 조각이 입자이고 벽은 빵 조각을 밀어내는 위치 에너지라고 가정해보자. 마치 어떤 자석이 같은 극을 가진 다른 자석을 밀어낼 준비를 하는 것처럼 말이다. 일단 배경이 완성되면 모든 것은 승마의 장애물 경기처럼 진행된다. 말로 비유할 수 있는 입자는 도약해야 벽을 통과할 수 있다. 이것은 단 한 가지 조건하에서만 가능하다. 입자의 속도가 충분히 빠르면 벽을 뛰어넘는 데 성공할 것이다. 즉 입자의 운동 에너지가 벽의 위치 에너지보다 커야 한다. 그렇지 않으면 벽이 입자를 밀어낸다.

양자적 차원의 장면도 비슷하다. 입자가 에너지를 충분히 가지면 어려움 없이 장애물을 통과한다. 놀라울 게 없다. 반대 경우에는 당혹스러운 결과가 예상된다. 다음 페이지의 그림을 보라. 거기에는 파동함수와 테니스공이 그려져 있는데, 이 둘을 장벽을 향해 보낸다. 논리적으로는 둘 다 튕겨 나와 돌아올 것이다. 하지만 공과 반대로 파동함수 일부는 장벽을 통과한다. 이 '일부'는 무엇을 뜻할까? 승마 경기에서 말이 어떻게 '일부는' 장애물을 거부하고 '일부는' 장애물을 통과할 수 있을까? 양자 세계의 기이함이 바로 여기에 있다. 파동함수가 둘로 나뉠 때 일부는 벽을 통과하고 나머지 일부는 튕겨 나온다는 것이 입자가 둘로 나뉜다는 뜻

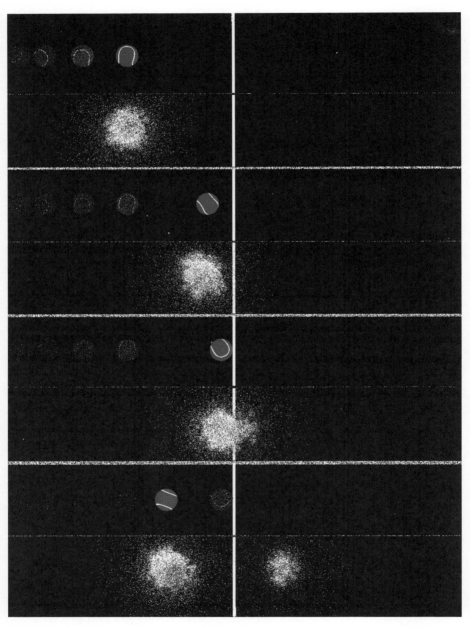

테니스공과 반대로 양자 파동함수는 장벽 앞에서 일부만 튕겨 나온다. 터널 효과를 통해 일부는 반대쪽으로 침투할 수 있다.

은 아니다. 이것은 오히려 입자는 측정되면 때로는 왼쪽에 때로는 오른쪽에 물질화되어 나타난다는 뜻이다.

관련된 확률은 슈뢰딩거 방정식을 이용해 계산된다. 파동이 벽을 통과할 확률은 장벽의 높이, 입자의 에너지와 질량에 달려 있다. 장벽이 높을수록, 입자가 무거울수록 또는 입자의 에너지가 작을수록 장애물을 뛰어넘기가 더 어려운데, 이것은 승마 경기에 나선 말의 경우와 같다.

그런데 양자 입자가 가볍고 빠르면 뛰어넘을 수 없을 것 같은 장애물을 통과할 수 있다. 이것을 '터널 효과'라고 하는데, 장벽에 갑자기 구멍이 생겨 가끔 입자가 통과하도록 해주는 거라고 비유할 수 있다.

이것은 영화 〈해리포터와 마법사의 돌(Harry Potter And The Sorcerer's Stone)〉에서 주인공이 호그와트 마법 세계로 들어가려면 킹스크로스역 9번 플랫폼 벽을 향해 똑바로 달려가야 한다는 것을 배우는 장면을 연상시킨다. 해리는 주저하다 결국 벽을 향해 끝까지 돌진한다. 갑자기 마법이 일어나 벽이 열리고 그를 다른 세계로 통과시켜준다. 바로 이것이 벽을 향해 돌진한 양자 입자가 겪어야 하는 일이다. 하지만 큰 차이점이 있다. 만일 어린 해리가 양자 세계에 살고 있다면 그의 운명은 더 불확실할 것이다. 두 번 중 한 번은 벽을 통과하겠지만 나머지 한 번은 벽에 부딪혀 내동댕이쳐질 수도 있다.

나는 증거를 원한다!

계산은 훌륭하지만 결과는 뜻밖인데, 이런 일이 정말로 일어난다는 것을 어떻게 확신할 수 있느냐며 반박할 수 있지 않을까? 이번에도 실험만이 참과 거짓을 알려준다. 여기에 가능한 실험 방식이 하나 있다. 금속 조각 하나를 준비하고 건전지를 연결해 전자들이 돌아다니게 한다. 장벽을 만들기 위해 금속 한가운데를 잘라 전자들이 다니는 길 위에 플라스틱 같은 조그만 절연체를 끼워 넣는다. 이 절연체가 장벽 역할을 할 것이다. 터널 효과의 존재를 알아보기 위해 그저 전류가 절연체를 통과해 흘러가는지 측정해보라. 불행히도 여러분이 집에서 실험하고 있다면 터널 효과를 전혀 관찰할 수 없을 것이다. 직접 절연체를 만들면 너무 두꺼울 것이기 때문이다.

같은 실험을 다시 해보자. 이번에는 나노물리학 실험실에서 연구자에게 1나노미터 두께 정도의 훨씬 얇은 절연체를 끼워 넣도록 요청한 뒤 다시 측정해보라. 이번에는 전자의 일부가 잘 통과한다. 이 흐름이 터널 효과 덕분이라는 것을 확인하기 위해 점점 더 두꺼운 장벽을 이용해 다시 시도해본다. 그러면 전류가 천문학적으로 줄어드는 것을 보게 될 것이다. 이것은 이론이 예측하는 바와 정확히 일치한다. 일본의 에사키 레오나(江崎玲於奈)가 1958년에 실시한 이 실험은 금속에 이 효과가 존재함을 증명했으며, 그 덕분에 그는 15년 후 노벨상을 받는다.

사람들은 흔히 물리학자들이 멋진 이론을 만든 후 그걸 실험실에서 확인한다고 생각한다. 하지만 양자물리학 역사에서는 그게 무엇인지 이해하기도 전에 실험이 이뤄지면서 실험이 이론에 선행해왔다. 터널 효과는 예외처럼 보인다. 에사키의 실험 30년 전인 1927년부터 여러 이론가가 이미 터널 효과의 존재를 짐작하고, 심지어 그것을 이용해 여러 문제를 해결한다. 프리드리히 훈트(Friedrich Hund)는 터널 효과를 이용해 분자 스펙트럼을 해독한다. 로타르 노르트하임(Lothar Nordheim)은 이것을 이용해 가열된 금속이 전자를 방출하는 방식을 분석한다.

두 명의 물리학자는 심지어 이것을 이용해 당대 가장 큰 미스터리 중 하나인 '알파 붕괴'를 단 하루 간격으로 밝혀낸다! 유럽의 조지 가모(Georges Gamow)와 미국의 에드워드 콘던(Edward Condon)은 방사성 원자가 붕괴하는 이 흥미로운 방식에 주목한다. 그 미스터리 중 하나가 우라늄 238이다. 우라늄 238의 핵은 헬륨의 원자핵 같은 일종의 작은 원자핵인 알파 입자를 자발적으로 방출한다. 그렇게 함으로써 우라늄 238은 가벼워져 토륨 원자가 된다. 그런데 특히 퀴리 부부(Marie et Pierre Curie)를 통해 시작된 이 새로운 영역의 전문가들은 이러한 변환이 어떻게 발생했는지 알지 못한다. 알파 입자의 방출은 무작위적으로 일어나는 것으로 보이는데, 마치 원자가 똑같은 간격으로 주사위를 던지고 숫자 1이 나

알파 입자가 방사성 원자핵에서 벗어날 수 있는 것은 바로 터널 효과 때문이다.

올 때만 붕괴하는 것처럼 보인다. 또 다른 수수께끼는 알파 입자가 절대로 우라늄 핵에서 벗어날 수 없을 거라는 점이다. 어마어마한 핵력이 알파 입자를 핵 안에 가두고 있기 때문이다.

슈뢰딩거 방정식 연구를 통해 가모와 콘던은 알파 입자가 핵에서 탈출하는 것은 장벽 위로 뛰어넘어서가 아니라 터널 효과를 통해 장벽을 통과하기 때문임을 알게 된다. 슈퍼 영웅이 출현하는 영화의 한 장면을 떠올려보라. 주인공들은 거대 악의 세력에 의해 문도 창문도 없는 방에 갇힌다. 그들은 무슨 수를 쓰든 탈출해야 한다. 그들은 감옥 벽을 향해 격렬히 몸을 던져 벽을 부수려고 시도한다. 별안간 한 영웅이 마법처럼 사라져 곧 벽의 반대편에 나타난다. 벽은 전혀 상하지 않고 금이 간 흔적조차 없다. 이 기적에 기운이 솟은 영웅의 동료들은 전보다 열심히 도전해 벽을 향해 한 명씩 몸을 날린다. 다시금 무작위적으로 같은 현상이 반복된다. 영웅들은 각자 자기 차례에 벽을 통과하는 데 성공한다. 간수들에게는 악몽이다. 언제 다음 탈옥이 일어날지 예상조차 할 수 없으니.

터널 효과의 원인은 이번에도 입자의 파동성이다. 양자 파동이든 빛의 파동이든 파동이 거울 같은 벽으로 보내지면 이것은 반사된다. 하지만 파동이 튕긴 거울 표면에서 일어나는 일을 주의 깊게 살펴보면 파동이 전부 반대 방향으로 간 것은 아님을 알수 있다. 파동의 아주 적은 일부만 거울의 두께 속으로 침투해 그곳에서 거의 즉시 엄청난 양이 사라져버린다. 이 적은 잔여물이 '소멸파'다. 효과는 아주 미약하다. 빛의 파동은 반사면에서 기껏해야 몇백 나노미터 정도 들어가기 때문이다.

거울 통과하기라는 불가능한 모험을 감행하는 고독한 탐험가를 떠올려보라. 그는 앞으로 나아감에 따라 키가 점점 줄어들어 마침내 완전히 사라질 것이다. 터널 효과에서도 마찬가지다. 양자 파동함수가 장벽에 도달하면 이것은 반사되지만, 그중 조그만 일부는 장벽의 두께 속으로 들어간다. 이때 모든 것은 이 두께에 달려 있다. 장애물의 두께가 두껍다면 아무 효과도 없고 소멸파는 장벽을 통과하지 못하고 사라진다. 결국은 거울처럼 모든 파동이 반사되는 것을 볼 수 있다. 그러나 장벽이 아주 얇다면 파동의 일부는 반대쪽으로 통과하는 데 성공하지만, 이 파동은 급격히 감소한다. 마치 이 파동을 향해 터널이 열린 것처럼 말이다.

동전의 양면

터널 효과가 없다면 인류는 생존하지 못할 것이다. 이것은 전혀 과장이 아니다. 터널 효과 덕분에 우리의 태양이 빛나기 때문이다. 태양은 어마어마한 핵폭탄처럼 작동한다. 태양 핵의 온도는 약 1,500만 도로 어마어마해서, 양성자들이 융합하는 데 필요한 에너지를 준다. 이때 양성자들은 헬륨 원자를 이룬다. 이 융합을 통해 엄청난 양의 에너지가 방출된다. 하지만 이 시나리오는 방정식의 테스트를 통과하지 못한다. 양성자는 양전하를 지니고 있는데 같은 부호의 두 전하는 서로 밀어낸다. 이것은 그냥 생각해 봐도 알 수 있다. 그로 인해 양성자들은 서로 결합할 정도로 충분히 가까워질 수 없는데, 심지어 그토록 높은 온도에서도 마찬가지다. 바로 이때 터널 효과가 진가를 발휘한다. 이 효과 덕분에 양성자들은 처음에는 통과할 수 없을 것 같아 보였던 전기적 장벽을 통과해 융합될 수 있다. 그런 이유로 태양은 46억 년 전부터 우리(지구)를 비추고 따뜻하게 해줄 수 있는 것이다.

그러나 터널 효과가 긍정적 효과만 가지는 것은 아니다. 이것이 전기 산업에는 곧 도래할 위협이 될 수 있기 때문이다. 우리가 사용하는 스마트폰과 컴퓨터의 성능은 사실상 그것들의 마이크로프로세서를 이루는 수억 개의 트랜지스터에서 비롯된다. 그런

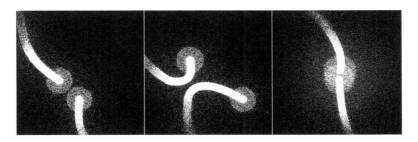

터널 효과 덕분에 두 양성자는 결국 충분히 가까워져 태양 안에서 융합된다.

데 이 작은 전기 부품들은 그 안에 흐르는 전류를 조절하기 위한 절연체와 반도체로 이뤄진 섬세한 층의 결합이다.

최신 세대 트랜지스터의 크기는 몇십 나노미터에 불과하다. 요즘 스마트폰 안에 들어 있는 트랜지스터의 개수는 수백억 개에 달한다! 이런 차원에서는 터널 효과가 가능해지기 시작한다. 보통은 전류가 특정 방향으로 흐르지 못하게 막는 절연체가 이때 사라지기 시작해 이제부터는 전자들이 통과해 지나가버릴 수 있기 때문이다. 이렇게 하여 트랜지스터는 작은 크기의 희생양이 되고 마는 것이다! 신속한 계산을 위해 트랜지스터를 계속 소형화하면 문제가 악화될 것이다. 바로 여기에 전자공학과 IT 기술의 미래 진전을 위협하는 진정한 기술적 장애물이 있으며, 공학자들은 이미 이 장애물을 통과할 마이크로프로세서를 고안해낼 새로운 방법을 찾고 있다.

그런데 과학자들은 터널 효과를 자신들에게 유리하도록 바꿀 방법도 찾아낸다. 에사키 레오나는 처음으로 이 효과를 이용해 특정 전기 부품에 유용한 새로운 종류의 다이오드를 만들었다. 최근에 그는 이것을 이용해 USB나 스마트폰의 플래시 메모리를 개발했다.

그런데 과학자들이 가장 좋아한 터널 효과의 적용 사례는 놀랍도록 기발한 터널 효과 현미경이다. 이것은 원자를 직접 관찰할 수 있도록 만든 최초의 도구다. 이 현미경의 원리는 금속 탐침을 금속 표면에 살짝 갖다 대는 것이다. 탐침에 전압이 공급되면 금속의 전자를 뽑아낸다. 탐침과 전자 사이의 진공이 장벽으로 작용하기 때문에 보통 전자들은 고체에서 탈출하지 못하는 것으로 알려져 있다. 그런데 탐침이 표면에 충분히 가까워지면 전자들은 마침내 이 장벽을 돌파하고 터널 효과를 통해 도약한다.

이 도구의 강점은 역설적으로 이것이 약하다는 데 있다. 전자가 탐침을 향해 도약할 확률은 아주 낮으며, 심지어 탐침이 금속에서 멀어지면 그마저 빛의 속도로 사라져버린다. 그러므로 탐침이 원자 바로 위에 있을 때만, 즉 대단한 기술적 도전이지만 몇 나노미터 이하 거리에 있을 때만 탐침이 전자를 뽑아낼 수 있다. 반면 두 원자 사이에서 탐침은 더 이상 작동하지 못한다. 바로 이것이 물질 표면에서 원자의 위치를 찾아낼 수 있는 방법이다. 정말 특별한 현미경이 탄생했다!

이런 현미경은 오늘날 많은 실험실에서 일상적으로 사용되고 있으며 이것을 통해 물질의 특성을 탐구한다. 이 현미경은 100억분의 1의 정확도로 표면을 시각화해줄 뿐 아니라 그보다 더한 수준으로 발전하고 있다. 일단 원자가 발견되면 그것에 적합한 전압을 흘려보내 원자를 옮길 수 있는데, 이 전압이 일종의 전기적 접착제가 되어 원자를 들어 올려 다른 곳으로 재배치하는 것이다. 이것은 시장에서 볼 수 있는 인형 뽑기 기계와 비슷하다. 로봇 팔을 조종해 입구로 인형을 끌어내면 이기는 시스템이니까. 이런 식으로 오늘날 원자 단위의 정확도로 맞춤형 나노미터 수준의 장비가 구상되고 있다.

이런 도구의 쾌거를 알리기 위해 프랑스 국립과학연구소(CNRS)는 2017년 툴루즈에서 세계 최초 나노 자동차 경주 대회, 즉 '나노카(Nanocar) 레이스'를 조직했다. 이 대회에는 전 세계에서 6개의 팀이 참가했다. 그들의 목표는 100나노미터 길이의 트랙을 가장 빨리 달리는 것이다. 100나노미터는 머리카락 한 올 두께의 1,000분의 1 크기다. 우선 F1 경주 대회처럼 각 팀은 각자 선택한 분자기계를 만들었다. 그리고 이 여섯 대의 나노카는 기화를 통해 금으로 된 작은 동전 모양의 트랙 위에 놓이는데, 진동을 막기 위해 모든 것이 초진공으로 절대 온도 4도로 유지된다. 마지막으로 슈퍼카를 지켜보고 앞으로 전진시키기 위해 연구자들은 여러 개의 터널 효과 현미경을 이용했다. 이때 나노카를 탐침에 붙여 직접 결승선에 옮기는 것은 금지되었다. 그것은 너무 쉬우니까! 규칙은 분명하다. 과학자들은 자신의 분자 자동차를 전진시키기 위해 신속히 행동해야 한다. 우선 탐침을 분자 바로 위에 접근시킨 뒤 그 탐침을 사용해 나노카를 전기적으로 자극해 조금씩 앞으로 나아가게 한다.

경기는 2017년 4월 28일 금요일 오전 11시에 시작되었다. 6시간 뒤 스위스 바젤 대학교 팀이 우승했는데, 평균 시속 20나노미터로 결승선을 통과했다. 이것은 우리 머리카락이 자라는 속도보

터널 효과 현미경에서 금속 탐침은 원자 바로 위에 있을 때 전자를 뽑아내며 이를 통해 원자를 찾아낼 수 있다.

다 1,000배 느리다. 거의 동등한 기량을 보인 미국-오스트리아 팀은 은으로 만든 다른 트랙에서 하루 동안 1마이크로미터 달리는 데 성공했다. 하지만 르망 24시(24 Heures du Mans) 경주 대회처럼 나노미터 세계에서도 모든 게 장밋빛은 아니다. 나머지 네 개 팀은 경주를 지속하지 못하고 포기했다. 독일 팀의 나노카는 두 번이나 고장 났다. 일본 팀은 반복적으로 소프트웨어 오류를 겪었다. 프랑스 팀은 나노카를 시야에서 놓쳤다. 한 미국 팀은 심지어 이유도 모른 채 출발선으로 되돌아갔다.

이렇게 미디어를 활용한 이벤트는 종종 비판의 대상이 된다. 정말로 그토록 많은 돈과 시간을 들여 아이들처럼 가장 빠른 조그만 분자 자동차를 가리는 게임을 해야만 할까? 나는 이런 사건들이 현재 과학이 실제로 구현되는 훌륭한 기회라고 생각한다. 세계에서 가장 느린 이런 경주 대회를 통해 실험실의 과학자들이 일상에서와 똑같은 도전과제와 제약과 어려움을 가지고 실제 연구 장비를 사용하는 것을 볼 수 있기 때문이다. 무엇보다 우리는 처음으로 가장 아름다운 양자 현상 중 하나인 터널 효과에 관한 진짜 실험을 인터넷과 TV 생중계로 목격할 수 있었다!

CHAPTER 7

양자물리학의 가장 큰 수수께끼
측정과 결잃음

1997년 8월 4일 볼티모어 대학교는 '양자 이론의 기본 문제'라는 제목의 회의를 개최했다. 참가자는 50여 명이었다. 그중 한 명인 맥스 테그마크는 동료들에게 설문조사를 했다. 그는 모두에게 같은 질문을 던졌다. "당신이 가장 좋아하는 양자물리학에 대한 해석은 무엇입니까?"

제시된 6개의 선택지 중 하나도 과반을 얻지 못했다. 14년 뒤 또 다른 연구자 막시밀리안 슐로스하우어(Maximilian Schlosshauer)가 동료들에게 질문을 던졌다. "물체는 측정되기 이전에 잘 정의된 물리적 특성을 가집니까?"라는 질문에는 절반이 '예', 절반이 '아니요'를 택했다. "보어의 양자물리학에 대한 견해는 옳았습니까?"라는 질문에는 3분의 1이 '예', 3분의 1이 '아니요', 나머지 3분의 1은 '의견 없음'을 표했다. 이와 비슷한 질문이 이어졌다. 또한 번 물리학자들은 한목소리를 내지 못했다. 하지만 한 가지 질문은 상대적으로 의견 일치를 얻은 것처럼 보였다. "오늘날 양자역학의 토대에서 가장 시급한 문제에는 어떤 것들이 있습니까?"라는 질문에 과반이 넘는 응답자가 '측정'이라고 답했다.

이와 같은 응답은 양자물리학이 잘 이해된 학문이 아니라고 결론짓는 것이나 별 차이 없다. 그러나 기본 방정식, 측정 방법, 이 학문을 구성하는 대상 등 모든 것이 놀라운 정확성과 재현성을 보이며 실험을 통해 인식되고 확인된다. 오히려 문제가 되는 것은 해석이다. 그것은 양자물리학이 우리의 세계와 현실에 대해 말해주는 것이다. 그리고 이 해석에 관한 의문점들이 확실히 드러나는 것은 바로 측정의 순간이다. 그러므로 측정은 양자 이론의 가장 까다로운 주제이며 오늘날에도 여전히 논란거리다. 이 난관이 어디서 비롯되는지 설명하도록 노력하고, 이어서 물리학, 철학 그리고 공상과학의 경계에 있는 여러 관점을 소개한다.

3막 극

물리학 탄생 이후 연구자들이 현상을 측정하기 위해 따르는 규약은 언제나 비슷했다. 오늘날에도 물체의 추락을 측정하고자 한다면 당신은 여전히 갈릴레이의 방식을 따라야 할 것이다. 당신은 자신이 하는 실험의 재현성을 증명해야 한다. 당신은 바람, 부정확한 시계, 잘못 가공된 저울 등 가능한 모든 편차를 제거하려고 할 것이다. 그리고 어떤 방식으로든 추락을 방해하지 않고 물체를 건드리지도 않은 채 어떤 질량이 떨어지도록 내버려둬야 할 것이다. 한마디로, 당신은 가능한 한 가장 중립적이고 객관적인 외부 관찰자 역할을 맡아야 한다.

양자물리학은 어떤 점에서 이러한 접근법과 구별되는가? 사실 양자물리학자들이 정확히 같은 접근법을 따른다고 해도 결과에 영향을 주는 것은 측정일 것이다. 실험자가 무엇을 하든 입자를 찾아내고자 한다는 단순한 사실이 입자에 돌이킬 수 없는 방식으로 영향을 미쳐 갑자기 그것의 파동함수를 붕괴시킨다. 갈릴레이가 양자 사과의 추락을 측정하는 모습을 상상해보라. 사과는 파동처럼 움직일 것이며, 그가 사과를 관찰하려고 하는 순간 갑자기 물질화해 다시 진짜 사과가 될 것이다!

바로 이 점이 어이없게 느껴지고, 심지어 이상한 가설을 부추긴다. 파동을 입자로 바꾸는 것은 시선일까? 그가 돌아서 있다면 입자는 다시 파동이 될까? 동물이 양자적 물체를 보아도 그것이 같은 방식으로 축소될까? 인간의 의식이 특별한 역할을 하는 걸까? 역설을 밀고 나가보자. 만일 물리학자가 없는 상태에서 타이머를 맞추고 자동 셔터로 입자 사진이 찍힌다면 한 시간 뒤 사진을 본 순간에만 파동이 점으로 바뀌는 걸까? 이 모든 의문점은 다음 질문 하나로 요약된다. "도대체 측정 중에 무슨 일이 일어나는 걸까?"

최근의 진전 덕분에 이 질문에 더 나은 답을 할 수 있게 되었다. 이제 물리학자들은 한 가지만 빼고 거의 모든 측정 과정을 이해하고 있다. 논란이 되는 이 세부 사항을 살펴보기 전에 양자 실험의 전개 과정을 한 단계씩 살펴볼 필요가 있다.

이미 언급했던 슬릿 실험(1장 참조)을 다시 살펴보자. 판자 위에 슬릿 두 개를 뚫어 거기로 전자를 보낸다. 슬릿을 통과한 전자는 일단 검출기에 도달해 거기서 빛 신호로 바뀐다. 범죄의 전 단계를 상세히 재구성하는 형사처럼 사건의 연대기를 나노초 단위로 다시 살펴보자. 모든 양자물리학 실험은 같은 진행 과정을 따르므로 3막 극처럼 세 개의 시간대로 나눌 수 있다.

〈양자 측정〉

3막 극

제1막. 파동함수

측정 이전에 양자적 물체는 파동처럼 움직인다. 슈뢰딩거 방정식 덕분에 이 파동이 확장되거나 축소될 때 어떻게, 어떤 속도로, 어느 방향으로 퍼져나가는지 정확히 예측할 수 있다. 당장

<양자 측정> 3막 극

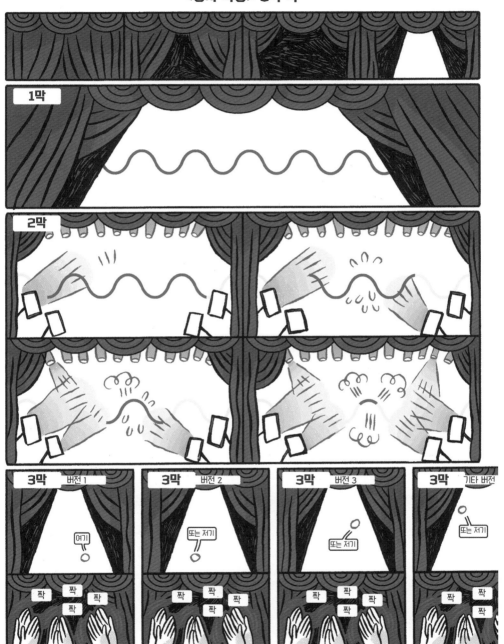

측정: 1) 파동함수는 결정론적으로 움직인다. 2) 파동함수는 수많은 입자와 만나고 이 입자들은 파동함수가 결잃음을 통해 환원되도록 만든다. 3) 이때 파동함수는 측정된 한 지점에 환원된다.

은 어떤 우연성도 없다. 파동은 완전히 결정론적이고 예측 가능한 방식으로 시간의 흐름에 따라 변화한다. 예를 들어 슬릿 실험의 경우 파동은 두 슬릿을 동시에 통과하고 중첩되어 간섭무늬를 나타낼 것으로 예측된다.

제2막. 결잃음

검출될 때 파동은 형광 스크린 같은 측정 도구와 접촉한다. 그러므로 파동은 이 도구를 이루는 모든 입자와 상호작용할 수밖에 없다. 다양하고 동시적인 이 상호작용은 파동이 환원되도록 만든다. 슬릿 실험에서 이것은 스크린과 접촉할 때 일어난다. 이것이 바로 '결잃음(decoherence)' 현상이다. 이것에 대해서는 조금 뒤에 살펴볼 것이다. 2막은 보통 아주 짧아서 순식간에 일어나는 것처럼 보여, 관객은 흔히 1막에서 3막으로 바로 이동했다고 생각한다.

제3막. 선택

2막 끝에서 환원될 수밖에 없었던 양자 파동은 이제 가능한 모든 상태 중에서 무작위로 선택한다. 이 추첨은 측정 시 파동함수 형태와 관련 있다. 핵심은 측정 도구도 실험실에 있는 물리학자도 입자의 운명에 관한 것이면 그 무엇에도 영향을 미치지 못한다는 점이다. 1막이 끝날 때 파동함수의 형태만이 입자가 여기 혹은 저기 나타날 확률을 결정한다. 두 슬릿을 통과한 전자의 예를 다시 들면, 전자는 파동이 최소치인 곳보다 오히려 최대치인 곳에 환원되어 나타난다.

이제 입자는 측정되었다.

끝.

불협화음을 만드는 오케스트라처럼

2막 도중에 일어난 결잃음으로 돌아가보자. 결잃음은 왜 양자 입자가 '환원'되어 파동성을 잃는지 설명한다. 사실 측정을 위해서는 주어진 순간에 아주 많은 입자로 이뤄진 '큰' 도구를 이용해야 한다. 두 슬릿 실험에서 이 역할을 하는 것은 스크린이다.

전자가 이 스크린과 접촉하면 수백 개의 광자가 방출된다. 그러면 이 빛 알갱이들은 일련의 도구를 통해 광점으로 바뀐다. 이제 육안으로도 보이는 이 광점은 전자의 위치를 측정하는 데 쓰인다. 그것을 보는 행위인 측정은 수많은 광자, 전자, 원자 등을 연루시킨다.

물리학 실험에서 언제나 그렇듯 양자 세계로부터 우리 세계로 정보를 끌어 올리기 위해서는 측정 과정에 거시적 도구가 필요하다. 그러므로 처음 입자는 처리되는 순간 수많은 다른 입자와 반드시 상호작용해야 한다. 이 상호작용이 입자의 결잃음을 유발한다.

시작점의 입자를 극장에 홀로 선 바이올리니스트라고 상상해 보자. 이 연주자는 활을 당겨 완전한 음인 순수하고 지속적인 도 음을 연주해 극장을 가득 채운다. 이 조화로운 소리가 양자 파동을 나타낸다. 이때 두 번째 입자, 이를테면 플루티스트가 무대에 등장한다. 음악을 몇 번 주고받은 뒤 두 음악가는 마침내 합을 맞춰 같은 음을 찾아내 함께 연주하는데, 음이 늘 조화롭게 들린다. 이후 바이올린, 비올라, 금관악기 등 다른 모든 악기 연주자가 나타난다.

불행히도 이 교향악단은 고약한 결점을 갖고 있다. 각 음악가는 개인주의자여서 옆 사람을 신경 쓰지 않고 자신의 음을 연주하는 경향이 있는데, 클라리넷은 미를, 트롬본은 파를, 비올라는 레를 연주하는 식이다. 바이올리니스트는 그럭저럭 각 악기와 합을 맞추려고 노력하지만 그가 처음에 낸 도 음은 아주 신속히 귀에 거슬리는 음으로 바뀐다. 결국 처음 음은 살아남지 못한다. 바로 이것이 결잃음이 전개되는 방식이다. 측정 도구를 이루는 입자들은 서로 조화되지 않는데 처음 입자는 이 모든 입자와 상호작용을 해야 한다.

음악적 비유를 건너뛰고 싶다면 보다 과학적 용어를 통해 일어난 일을 알아보자. 우리가 이미 설명했듯 연구되는 입자가 주위 환경, 특히 측정 도구와 상호작용하면 이 입자는 도구를 이루는 모든 입자에 간섭한다. 이때 이 입자는 도구를 이루는 각각의 입자와 얽히려고 한다(얽힘은 9장에서 더 자세히 설명하겠다). 과정이 진행됨에 따라 얽힘은 마치 전염병이 퍼지듯 계속해서 더 많은 입자에 퍼져나가는데, 모든 입자는 자신의 파동함수를 혼합하려 한다. 이때 양자 입자의 파동적 행위, 특히 이것의 위상은 돌이킬 수 없이 거시적으로 완전히 흐려진다.

극단적인 양자적 움직임을 예로 들어보자. 두 상태로 중첩된 원자가 그 예다. 연쇄적 얽힘 때문에 중첩은 점점 다른 모든 입자로 전이된다. 하지만 이때 원자는 아주 신속히 하나의 상태를 선택해야 하므로 중첩되기를 멈춘다. 이 원자가 겪은 다양한 상호작용은 이 원자의 결맞음을 파괴한다. 이것은 일종의 양자적 '누수'와 비슷하다. 예를 들어 아주 좋은 샴페인을 양자적 물체라고 가정하자. 그리고 이것을 여과기에 담아 수영장 위에 띄워본다. (이 예가 아무런 의미 없다는 것을 알지만 적어도 여러분의 기억에는 남으리라!) 조금씩 샴페인이 새어나가 수영장에 퍼질 것이다. 이 물에 샴페인이 남아 있다 해도 너무 희석되어 곧 조그만 흔적도 찾기 힘들 것이며 물을 여러 잔 마셔도 느낄 수 없을 것이다.

결잃음을 직접 보다

이렇게 측정은 양자 파동이 파동으로 남지 못하게 막는 일종의 방해 장치로 작용한다. 수학적인 것처럼 보이는 이 결과는 특히 프랑스의 세르주 아로슈(Serge Haroche) 연구 팀을 통해 확인된다. 실험에서 그는 처음 물체와 상호작용하는 입자들의 수를 조절할 수 있었다.* 그는 이 수가 클수록 결잃음이 더 빨리 나타난다는 결과를 얻었다. 바이올리니스트의 예를 다시 들면 그가 상호작용하는 음악가들의 수가 많을수록 불협화음은 더 빨리 나타난다.

미국의 데이비드 와인랜드(David Wineland)도 비슷한 실험을 해 세르주 아로슈와 함께 2012년 노벨상을 품에 안았다. 2000년에 발표한 논문에서 와인랜드는 자신이 어떻게 결잃음을 관측하는 데 성공했는지뿐 아니라 결잃음을 세 가지 다른 방식으로 조절하는 방법도 설명한다. 그 방식은 보편적으로 이렇다. 물리학자들은 새로운 현상을 발견할 때 이 현상을 여러 각도에서 세밀히 관찰한 후 그것을 아주 빨리 길들이려고 시도하는데, 마치 야생마를 조련하는 법을 배울 때와 비슷하다.

미국 연구 팀은 레이저를 이용해 베릴륨 원자를 진공 속에 가

---

* 문제의 실험은 본 저자의 다른 저서 『나의 위대한 양자역학(Mon grand mécano quantique)』(2019) 4장에 자세히 설명되어 있다.

두는 데서부터 출발했다. 원자가 아주 안정적이고 나머지 세계로 부터 완벽히 고립되면 물리학자들은 순수한 양자적 행위임을 나타내기 위해 이 원자를 동시에 두 가지 상태 속에 놓았다(8장 참조). 다음으로 그들은 원자를 제멋대로 변화하는 전기장에 놓았는데, 이것은 이 원자의 양자적 순수성을 방해할 수 있는 일종의 방해파다. 그들은 몇백 마이크로초 후 중첩이 멈추는 것을 발견했다. 그들은 방금 결잃음을 유발했다. 이 성공에 힘입어 그들은 다른 두 가지 방법도 시도했다. 그중 하나는 레이저 덫을 살짝 교란해 그 안에 원자를 가두는 것이고, 나머지 하나는 다른 레이저를 이용해 원자를 자극하는 것이었다. 매번 중첩이 중단되었고, 과정은 늘 같은 지수분포를 따랐다.

이 실험뿐 아니라 다른 많은 실험에서도 결잃음은 존재하며 최소한의 혼란이나 상호작용으로도 결잃음을 유발할 수 있음이 확실히 입증되었다.

우리 몸에도 이 모든 게 나타날까?

결잃음이 과학자들만의 전유물로 보일 수 있지만, 이것은 우리가 세계를 이해하는 데 매우 중요하다. 왜냐하면 이 결잃음이 우리가 왜 양자적이지 않은지 알려주기 때문이다. 당혹스럽기는 하지만 이 질문은 정당하다. 우리 몸은 원자로 이뤄져 있고, 원자는 전자, 양성자, 중성자로 구성되어 있으며, 이것들은 각기 양자적이고 파동적이다. 이 점이 우리 몸에도 반영되어야 하는 것 아닐까?

사실 우리 몸의 원자들은 같은 보조를 취하지 못한다. 우리 몸에서 나는 열, 몸에 있는 어마어마한 수의 원자, 그리고 이것들의 끊임없는 운동 등 모든 요소가 즉시 결잃음을 유발하고 거시적 차원에서 양자적 발현을 막는다. 우리는 파동을 닮아 있지도 않고, 두 슬릿을 통과해 간섭할 수도 없으며, 결잃음 때문에 덜 중첩되는 존재도 아니다. 이것은 새로운 형태의 신앙과 더 나아가 일부 대체의학(14장 참조)을 설명하는 과학적 근거로 양자물리학을 이용하는 자들에 맞서는 핵심 논거다.

문제의 핵심을 파고들다

2막에서 파동함수가 환원된 이유는 이제 비교적 잘 이해되었다. 생각해보면 가장 의문스러운 것은 3막이다. 여기서 입자는 여러 가능한 상태 중 하나를 무작위적으로 선택한다. 왜 저 상태보다 이 상태를 택하는 걸까? 여기서 슈뢰딩거 방정식은 무력하다. 순수한 우연만 작동하는 듯하다. 이것이 양자물리학에서 가장 불가사의한 문제 중 하나다.

사람은 양자적일까?
아니!

양자물리학이 등장하기 전 물리학은 전적으로 '모든 결과에는 원인이 있다'는 인과법칙에 토대를 두었다. 원인이 결과를 만든다. 사과가 떨어지는 것은 지구가 행사하는 중력 때문이다. 심지어 무작위적으로 보이는 현상들도 이 법칙을 따른다. 주사위를 테이블 위에 던질 때 '무작위로' 떨어진다고들 하지만 그것은 사실이 아니다. 폴란드와 스코틀랜드 물리학자들로 이뤄진 연구 팀이 최근 밝혀낸 바에 따르면 주사위 던지는 방식을 정확히 알면 주사위가 멈출 때 어떤 면이 위로 갈지 예측할 수 있다! 한마디로 우연은 겉보기에만 그럴 뿐이며, 우연이라고 생각하는 이유는 이 경로가 처음 조건에서 일어난 아주 작은 변화에도 민감해 예측이 어렵기 때문이다.

반대로 양자물리학에서는 인과관계라는 개념 자체가 의문시될 정도로 우연이 고유한 특성처럼 보인다. 어떤 것이 입자가 한 선택의 원인이었는지 더는 분명히 확인할 수 없다. 어떻게 이런 것이 가능할까? 한마디로 설명하자면, 적절한 답은 없고 혹시 있다면 너무 많다. 과학자들이 어떤 문제의 답을 모른다고 말할 때는 일반적으로 그 문제의 어려움에 직면할 능력이 없다는 뜻이다. 하지만 그들이 가능한 이론과 아이디어를 너무 많이 가지고 있고 이 모두가 수수께끼의 문제를 해결할 수 있을 것 같을 때도 있다. 그런데 이런 아이디어 중 과학계의 만장일치 합의를 얻은 모형이 없으면 이 문제는 여전히 논쟁거리가 된다. 양자 측정의 경우가 그렇다. 이것을 설명하는 이론이 여러 가지 있는데, 모두가 훌륭하다. 목록으로 작성하면 책 한 권 정도는 될 것이다. 그러므로 여기서는 가장 유명한 이론 세 가지만 소개한다.

코펜하겐 해석

양자물리학의 선구자 중 한 명인 닐스 보어는 1920년대부터 아주 실용적인 관점을 제시했다. 이 덴마크 학자는 단순한 사실에서 출발한다. 각각의 측정은 실험 대상인 작은 양자적 물체와 그것을 측정하기 위한 '큰' 고전적 물체를 포함한다. 전자는 슈뢰딩거 방정식을 따르고 후자는 뉴턴 물리학의 법칙을 따른다. '코펜하겐 해석'이라고 하는 보어의 해석은 우리가 사는 세계를 양자적 측면과 고전적 측면으로 나눌 것을 제안한다. 양자적 측면에서 입자는 측정되지 않는 한 물리학자들이 상상해낸, 그러나 그 자체로 '현실성'은 없는 파동함수로 표현된다. 필요한 모든 형식, 확률, 상태 벡터 또는 행렬 등을 자유롭게 사용할 수 있다. 그리고 이것들은 분명 훌륭한 계산 도구지만 현실에 관해서는 아무것도 말해주지 않는다.

반면 측정이 끝난 후부터 입자의 특성은 잘 정의되고, 그 결과 갑자기 현실적이고 만질 수 있게 된다. 요컨대 양자 입자는 그 자체로 존재할 수 없고 오로지 실험의 틀 안에서만 존재한다. 이것

양자 세계(나노미터 차원)

코펜하겐 해석은 양자 세계를 고전적 측면에서 분리한다.

을 정의할 수 있게 해주는 것은 오직 실험 장치뿐이다.

동시에 두 가지 상태로 중첩된 원자를 다시 한번 떠올려보자. 보어에게 양자물리학은 이 원자가 어떤 상태 혹은 다른 상태에 있을 확률을 계산하는 걸 목표로 하지만, 원자가 측정되지 않는 한 이것이 어떤 상태에 있는지 궁금해하는 것은 쓸모없는 일이다. 따라서 어떤 부조리함도 없다.

모든 게 충분히 고려된 이 해석법은 양자적 현실이 뭔지 생각하지 않아도 되며, 더 철학적인 관점들에 대해 신중하기를 권한다. 게다가 이 해석은 양자물리학 탄생 이후 물리학자 대부분이 채택했으며 여전히 광범위하게 교육되고 있다. 하지만 이 해석이 모든 것의 답을 내놓지는 못한다. 특히 이 해석에서 주장하는 양자물리학과 고전물리학의 경계가 어디인지 전혀 말해주지 않는다.

파일럿파 해석

두 번째 이론은 코펜하겐 해석과 반대되는 견해로, 루이 드브로이와 데이비드 봄(David Bohm)이 발전시켰다. 이들에 따르면 양자적 물체는 1막 시작부터 아주 현실적이다. 예를 들면 전자는 파동도 입자도 아니고 같은 순간 파동인 동시에 입자다. 이 두 가지 면은 독특한 방식으로 공존하는데, 마치 파도가 서핑하는 사람을 해변 쪽으로 인도하듯 파동함수가 입자를 이끈다고 한다. 이

파일럿파 해석은 입자가 그것을 이끄는 파동과 공존한다고 주장한다.

파일럿파(pilot wave, '길잡이 파동'이라고도 한다)가 자신의 고유한 형태에 따라 입자를 여러 경로 중 특정한 경로로 이끈다.

대양의 파도와 달리 이 파동은 슈뢰딩거 방정식의 지배를 받는다. 두 슬릿 실험에서 파동은 두 슬릿을 동시에 통과한 다음 어떤 간섭무늬를 택한다. 전자는 이 파동의 골보다 마루 쪽으로 인도된다. 그런데 이 전자는 두 슬릿 중 하나만 통과한다. 측정을 통해 전자의 최종 위치를 알 수 있겠지만, '환원'이 있지는 않을 것이고 그저 파도 위를 서핑하는 전자로 남을 것이다.

이것은 코펜하겐 해석과 반대로 1막을 못 본 체하지 않으므로 매력적인 이론이다. 대신에 반대로 1막을 파동과 입자를 가진 실질 그 자체로 생각한다. 하지만 약점도 있다. 이 모형은 측정하는 순간 파동이 먼 거리에서 즉각적으로 입자에 영향을 미칠 것을 요구한다. 그런데 이것은 아인슈타인의 상대성 이론과 조화를 이루기 어렵다. 상대성 이론에서는 어떤 입자나 정보라도 빛의 속도보다 더 빨리 전파될 수 없기 때문이다.

다세계 해석

1957년 휴 에버렛(Hugh Everett)이 처음으로 만든 이 이론은 파동의 환원 개념과 파일럿파 개념을 모두 거부한다. 이 이론에서 보는 3막에서 입자는 여러 상태 중 어떤 것도 선택하지 않는다. 입

다세계 해석은 매 순간 모든 확률이 다양한 평행우주에서 실현되고 있다고 주장한다.

자는 여러 평행우주에서 동시에 모든 상태로 흘러간다! 예를 들어 측정될 때 전자가 검출 스크린의 왼쪽 혹은 오른쪽으로 환원될 수 있다면 세계는 둘로 나뉠 수 있다. 첫 번째 세계에서는 전자가 왼쪽에 물질화되어 나타날 것이고, 두 번째 세계에서는 전자가 오른쪽에 나타날 것이다. 우리 우주는 이렇게 매 순간 천문학적인 종류로 복제된다고 한다.

그리고 이 우주들은 서로 아무런 연결 고리 없이 평행적으로 존재할 것이다. 나타날 수 있는 모든 확률이 이 평행 세계 중 하나에서 나타나기 때문에 확률 개념은 이제 의미가 없다. 이때부터는 관측된 확률이 왜 파동함수의 제곱인지 이해하기가 더 어렵다. 그래도 이 이론은 여전히 매력적이다.

해석 거부하기

우리는 다른 많은 해석, 이를테면 역학적 해석, 확률적 해석, 베이스(Bayes) 해석, 객관적 붕괴 이론, 정합적 역사 이론 등을 꺼낼 수 있다. 하지만 이상하게도 과학자들이 가장 광범위하게 공유하는 관점은 기권이다. 물리학자들은 대부분 특정 해석을 택하기를 거부한다. 왜냐하면 그럴 필요가 없기 때문이다!

물리학 본연의 목표는 실용적이라는 것을 유념해야 하는데, 그 목표란 실험을 준비하는 방법과 측정 결과 사이 연결 고리를 찾아내는 것이다. 양자물리학을 하려면 확률과 비결정론 개념을 받아들이는 것으로 충분하다. 어떤 해석에 의존할 필요 없이 자유롭게 사고하고 측정하고 계산하고 예측해서 결국 당신이 얻은 결과를 발표하면 된다.

게다가 양자물리학 논문에서 여러 해석 중 어떤 것을 언급하는 경우는 극히 드물다. 연구자 대부분이 취하는 입장은 데이비드 머민의 이 말로 잘 요약된다. "입 다물고 계산하라!" 과학의 역할에는 의문을 제기하는 것도 있다며 이들에게 반박하는 사람도 있을 것이다. 하지만 과학의 목표는 무엇보다 사물이 '어떻게' 작동하는지 설명하는 것이지 반드시 '왜'를 설명할 필요는 없다.

이것이 측정의 해석에 관해 연구하는 물리학자가 아주 적은 이유다. 물론 이 연구들도 자신만의 입장과 중요성이 있다. 그러나 이것이 양자물리학의 나머지 큰 수수께끼인 고온 초전도를 비롯한 몇 가지 복합적 현상 같은 다른 흥미로운 문제들을 가려서는 안 된다. 하지만 고백하건대 가상의 파동과 평행우주에 관해 설명하는 것은 매혹적이다!

CHAPTER 8

진동하는 고양이
상태의 중첩

황금빛 알타이산맥이 있는 몽골에 온 것을 환영한다. 여러 해에 걸친 유목 생활로 굵은 주름이 파인 노인이 산비탈에서 바람을 맞으며 홀로 앉아 기이한 노래를 시작한다. 주의 깊게 들어보면 분명 두 가지 소리가 들리는데, 하나는 바람 소리처럼 계속되는 낮은 소리이고 다른 하나는 더 멜로디처럼 들리는데 휘파람 소리에 가깝다. 눈을 감으면 뚜렷이 다른 두 개의 목소리가 들린다. 이 노래를 흐미(khöömii, '인후'라는 뜻)라고 한다. 이 전래 예술은 기나긴 전통의 배음 노래 중 하나로, 이탈리아의 사르데냐, 인도의 라자스탄, 그리고 베트남과 남아프리카 공화국에서도 나타난다.

흐미는 어려워서 마치 마술을 부리는 것 같다. 물리학자에게 중요한 것은 음향 효과다. 가수가 내는 소리는 두 파동이 중첩된

결과다. '저음부'는 계속되는 낮은 소리이며 팽팽해진 성대를 진동시켜서 낸다. 멜로디는 같은 파동에서 나오지만 혀와 목구멍을 누르는 힘을 사용해 입 안쪽을 변화시키는 독특한 방식을 통해 변형된다.

이 이중 음성에 대한 설명은 서로 중첩될 수 있는 파동의 뚜렷한 특성에서 비롯된다. 파동은 단순히 혼합되지 않는다. 오히려 공존하며 각자 개성을 유지한다. 이 현상은 바닷가에서 강풍이 몰아치는 날 볼 수 있다. 가장 큰 파도의 표면에는 잔물결들이 있고 이것들이 큰 파도를 덮은 것처럼 보인다.

그러므로 중첩된 파동을 분리하는 것도 가능하다. 예를 들면 무지개가 그런 경우다. 태양의 흰빛은 다양한 색깔의 파동이 중첩된 것이다. 빗물 방울이 이 색깔들을 분리해 각 색의 파장에 따라 경로를 바꾼다. 이런 식으로 무지개는 빨강에서 보라까지 색깔별로 하늘에 흩어진다.

중첩 원리는 다양한 성질의 모든 파동에 적용된다. 몽골 가수의 음파에, 하늘에 있는 빛의 파동에, 대양의 역학적 파동에도 적용된다. 모든 양자적 물체는 파동처럼 움직이므로 양자적 물체역시 이 현상과 관련이 있다.

파파라치 조심!

따라서 양자 입자의 파동함수는 마치 동시에 연주된 여러 음처럼 여러 상태로 중첩될 수 있다. 하지만 비유는 여기서 끝이다. 이것은 다른 파동과 다르다. 파동함수는 진짜 진동이 아니라 확률만 설명한다는 점을 기억하자. 측정하면 파동이 한 점으로 환원되기 때문에 이 입자를 동시에 두 곳에서 직접 관찰할 수는 없다. 원자 세계에 중첩이 있음을 증명하려면 간접적 증거가 필요한데, 이번에도 우리에게 증거를 제공하는 것은 바로 두 슬릿 실험이다.

이 장치에서 입자의 파동함수는 자유롭게 두 슬릿을 통과한 후 측정 스크린에 도달한다. 그런데 이 파동함수는 한 곳을 선택하지 않고 왼쪽과 오른쪽 슬릿을 동시에 통과해 중첩 상태에 놓인다. 그리고 이것은 파동함수가 경로의 중첩을 겪었고 그것을 간섭무늬를 봄으로써 이해할 수 있다는 점을 가정할 때만 가능하다. 이것은 입자가 결국 다른 아무 곳이 아닌 특정한 영역에서 물질로 나타난다는 뜻이다(1장 참조).

그로부터 입자 자체가 물리적으로 동시에 두 슬릿을 통과했다고 결론지을 수 있을까? 그 답은 어렵고, 물리학자들도 의견 차이를 보인다. 어떤 과학자들은 파동함수가 정말로 존재하며 입자는 실험의 특정 순간 동시에 두 곳에 있다고 하는 것이 합리적이라고 생각한다. 반면 나머지 학자들은 입자가 측정되지 않는 한 고유한 실체가 없는 순전히 수학적인 설명이라고 말한다. 그러므로 전자가 실제로 동시에 두 곳에 있다고 결론짓는 것은 어폐가 있다. 전자가 모든 면에서 동등한 두 경로 중 어느 하나를 자유롭게 통과해 간섭무늬를 만들어낼 수 있다고 설명하는 것으로 족하다.

당신의 양자적 친구 하나가 1년간 해외로 떠나 다른 언어를 공부한다고 가정해보자. 그는 베네치아로 갈까 런던으로 갈까 주저한다. 당신은 그를 만나지 못해, 결국 그가 이탈리아로 갔는지 영국으로 갔는지 알지 못한다. 그리고 1년 후 그가 돌아왔을 때 당신은 그가 이탈리아어와 영어를 유창하게 말하는 것을 발견한다. 1년 내내 그는 잠재적으로 로마와 마드리드에서 동시에 지낼 수 있었다. 이것은 양자물리학 덕분에 그가 어느 하나를 선택하지 않아도 되었기 때문이다. 또한 당신이 그에게 어디로 떠나는지 물으면 그는 답하기를 거부할 것이다. 그는 안다. 중첩은 두 목적지가 모두 가능하고 동등할 때만 지속된다는 것을. 만일 그가 당신에게 런던에 간다고 밝히면 그는 즉시 더 이상 이탈리아어를

구사할 줄 모르게 될 것이다.

이 기묘한 상황 시나리오는 중첩이 일반인에게 이해시키기 얼마나 어려운 개념인지를 보여준다. 또한 나는 대중 강연에서 주저하지 않고 전자가 동시에 두 슬릿을 통과한다고 주장한 점에 대해 유죄를 인정한다. 나는 이렇게 말해야 할 것이다. "전자의 파동함수가 두 슬릿을 동시에 통과하는 것은 전자가 측정되지 않는 한 그렇다. 하지만 측정하면 전자는 한 곳에만 있다."

과학에서 늘 그렇듯, 연구자들은 이론이 예측하는 바를 맹목적으로 받아들이지 않는다. 이들이 하는 일의 핵심은 모형의 오류를 증명하려고 시도함으로써 모형이 견고한지 시험하거나 과학적 발견을 하는 것이다. 상태의 중첩은 규칙을 벗어난 것이 아니지만 물리학자들은 계속해서 이 개념을 '의심하려고' 했다. 그들은 파파라치 게임을 하고자 했다. 두 슬릿 뒤에 몸을 숨겨 가능한 한 가장 조심스럽게 전자를 촬영하고 그것이 정말 슬릿을 통과하는지 보려고 했다. 이러한 시도 중 가장 노련한 실험 하나를 살펴보자. 최근 이스라엘 바이츠만(Weizmann) 연구소의 한 팀이 한 실험이다. 여러분은 아무 탈 없이 양자 규칙을 교묘히 피하는 것을 보게 된다!

이 실험에서는 전자를 나노 크기의 회로로 보내는데, 거기서 전자는 두 슬릿과 비슷한 두 가지 경로를 이용할 수 있다. 측정 방법은 같지 않다. 자기장을 개입시키지만 여기서도 두 가지 경로는 간섭무늬를 만든다. 결과는? 전자의 파동함수는 동시에 두 가지 경로를 이용한다. 그리고 다른 경로를 막아 전자를 한 길로만 통과시키면 간섭무늬는 사라진다.

이때 연구자들은 두 길 중 하나에 전자 검출기를 놓는다. 이 나노 전기회로를 '양자점접촉(quantum point contact)'이라고 한다. 만일 전자가 한쪽으로 지나가면 그것이 회로의 특성을 변화시켜 전류를 더 잘 전도하기 시작할 것이다. 이렇게 물리학자들은 전자를 멈추지도 우회시키지도 않으면서 전자가 통과한 것을 확인할 수 있는데, 이것은 마치 전자를 몰래 촬영하는 것이나 마찬가지다. 따라서 이들은 이 양자 카메라를 작동시켜 그로부터 전자가 왼쪽으로 통과했는지 아닌지 직접 판단한다. 놀랍게도 간섭무늬는 즉시 사라진다. 당연하다. 이들이 전자가 어디로 통과했는지 확인할 때 선택을 할 수밖에 없고 중첩이 멈추기 때문이다.

이때 술수를 부려본다. 물리학자들은 실내 조명을 어둡게 하듯 조금씩 검출기의 전력을 감소시킨다. 이제는 모 아니면 도가 아니다. 지금부터는 전자가 어느 쪽으로 통과했는지 명확히 말할 수 없는데, 검출기가 이전만큼 잘 작동하지 않기 때문이다. 그들은 이를테면 전자가 왼쪽으로 통과했을 확률이 90퍼센트라고 말할 수 있을 뿐이다. 실험 중에 간섭무늬는 다시 나타나지만, 마치 구름이 낀 듯 대조가 거의 없어 읽어내기 어렵다. 그들은 검출기의 전력을 계속해서 감소시킨다. 그와 동시에 간섭무늬의 형태는 더 뚜렷해져 점점 더 잘 보인다. 하지만 전자의 경로는 점점 불확실해진다. 타협이 불가피해 보인다. 입자가 어디로 통과했는지 알아내면 간섭무늬를 잃기 때문이다. 입자를 '잘 찾아내려고 하지 마라'. 그러면 간섭무늬가 다시 보일 것이다.

결국 이 연약한 중첩 상태를 보호하는 유일한 방법은 입자를 측정하지 않는 것이다.

폭로: 슈뢰딩거 고양이는 존재하지 않는다

중첩을 완전히 이해하려면 이 개념이 파동함수에 국한된 게 아님을 알아야 한다. 중첩은 양자적 특성 대부분을 품에 안을 수 있다.

원자의 에너지는 건물 층수를 세는 방식처럼 단계별로 몇 가지 정해진 값만 취할 수 있다. 중첩 덕분에 입자는 동시에 두 가지 상태에 있을 수 있으며 각 상태는 고유한 에너지 준위를 갖는다. 주의할 점이 있는데, 이때 에너지값은 두 준위의 중간값이 아니라 이 값인 동시에 저 값이다. 중첩은 스핀에도 영향을 줄 수 있다. 스핀은 전자, 광자 또는 어떤 원자들이 지닌 조그만 양자 자석이다. 스핀도 특정한 값과 특정 방향만 가진다. 예를 들어 전자의 스핀은 상반되는 두 가지 값을 가질 수 있는데, 이것을 한 방향 또는 다른 방향의 화살표로 나타낼 수 있다. 많은 상황에서 스핀은 선택을 거부하고 위 방향과 아래 방향을 동시에 향한다.

그러나 이 모든 것은 매번 하나의 입자, 이를테면 전자 하나 또는 광자 하나에 관한 것이다. 부피가 더 큰 물체에서도 중첩이 살아남을 수 있을까? 물체는 어떤 크기일 때까지 동시에 두 상태

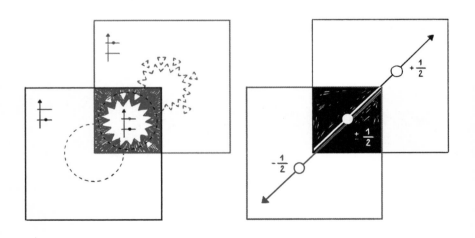

를 점유할 수 있는 걸까? 이 질문을 처음으로 한 사람은 슈뢰딩거 방정식을 만든 에르빈 슈뢰딩거다. 그는 '슈뢰딩거 고양이'라는 유명한 실험을 제안했다.

실험은 이렇다. 밀폐된 작은 방 안에 고양이, 전자 그리고 독극물 병을 놓는다. 전자는 가능한 두 가지 상태에 있을 수 있다고 가정하고 두 상태를 A, B라고 하자. 그리고 전자가 B 상태에 있을 때만 독극물 병이 깨지는 사악한 장치를 상상해보자. 병이 깨지면 불쌍한 고양이는 분명 죽을 것이다. 반대로 전자가 A 상태에 있으면 약병은 그대로 있고 고양이는 살아남을 것이다. 이때 슈뢰딩거는 핵심적 질문을 한다. 만일 전자가 동시에 A와 B인 중첩 상태에 있으면 무슨 일이 벌어질까? 고양이가 동시에 죽어 있으면서 살아 있을 수 있는가?

답은 분명히 그리고 결정적으로 '아니요'다. 고양이는 너무 크고 너무 뜨거워서 양자적일 수도 없고, 그 자체로 중첩 상태를 나타낼 수 없다. 하지만 전자는 가능하다. 어떻게 역설을 제거할 수 있을까?

답은 몇 줄로 요약된다. 다행히 실험이 시도된 적은 없지만 만일 실험실에서 실제로 진행한다면 정말로 그런 일이 벌어질 수도 있다. 우선 전자를 동시에 A, B 두 상태에 놓는 것은 완전히 가능하다. 그런데 전자를 독극물 병에 연결한 순간 전자는 즉시 상태 A나 B를 고를 것이다. 이 선택에 따르면 약병은 깨지거나 안 깨질 것이고, 그 후에만 고양이는 죽거나 살아남을 것이다. 그러므로 어떤 순간에도 고양이는 동시에 죽거나 살아 있을 수 없다. 실험에서 살아남을 확률은 2분의 1이 될 것이다. 이 얼마나 심술궂은 러시안룰렛인가!

전자가 약병과 접촉한 순간 중첩이 멈추면 그것은 약병이 결어긋남 상태가 되기 때문인데, 결어긋남은 약병을 이루는 수많은 원자 때문에 나타난다(7장 참조). 그러므로 나노 크기의 물체가 약병 또는 무엇이든 크기가 큰 도구와 접촉한 순간에는 양자 세계와 우리 세계의 통로가 생기는 것처럼 보인다.

반면 양자적 물체가 너무 크거나 너무 뜨거운 물체와의 모든 상호작용으로부터 보호되고, 게다가 정밀한 진공 상태, 그리고 가

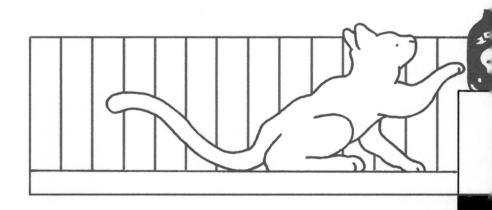

능하면 낮은 온도에 놓이면 이 이론은 이 물체의 크기에 대한 한계를 전혀 가늠하지 못한다. 그러므로 어떤 물체가 이 크기 이상으로는 양자적이지 않다고 말할 수 있는 정확한 경계는 절대 존재하지 않는다.

양자 고양이를 키워내는 기술

실제로 동시에 두 상태에 있는 것으로 목격된 가장 큰 양자적 물체는 무엇인가? 이에 답하기는 어렵다. 매년 끊임없이 기록이 경신되고 있으니까. 1980년대에는 중성자를 중첩 상태에 놓는 데

성공했다. 중성자는 전자보다 1,000배 더 무거운 입자다. 온전한 원자의 경우 우리는 아주 신속히 두 슬릿 장치로 보내는 법을 알고 있었다. 매번 간섭무늬를 목격할 수 있었고, 이것은 부인할 수 없는 중첩의 증거였다. 1999년 마르쿠스 아른트와 빈 대학교 동료들은 탄소 원자 60개로 이뤄진 분자 하나에서 간섭 현상이 일어나도록 하는 데 성공한다. 20년 후 같은 연구 팀은 자신들의 기록을 완벽히 깨버린다. 이번에는 2,000개의 원자로 이뤄진 탄소 분자에서 간섭무늬를 발견한다!

중첩은 고립된 분자에만 국한되지 않는다. 이것은 부피가 더 큰 양자적 물체에서도 나타난다. 2000년 뉴욕 대학교 연구 팀은 스퀴드(squid)를 만들었는데 이것은 작은 초전도 금속 링으로, 이때는 니오븀으로 제작되었다. 그들은 이 몇 나노미터 크기의 고리에 전류가 동시에 두 방향으로 흐르도록 하는 데 성공했다. 주목할 점은 두 그룹의 전자를 각각 반대 방향으로 흐르도록 한 것이 아니라는 사실이다. 여기서 반대되는 두 방향으로 동시에 전류를 흘려보내는 것은 바로 같은 초전도 전자들이다! 그리고 이 기적을 동시에 이루는 것은 수십, 수천 개가 아닌 수십억 개의 전자다.

그런데 오늘날 가장 멋진 중첩은 2010년 캘리포니아대 샌타바버라 캠퍼스의 연구 팀이 이뤄냈다. 당시 존 마티니스(John Martinis) 지도하에 박사 논문을 준비하고 있던 젊은 에런 오코넬(Aaron O'Connell)은 마이크로 장비 제작 팀의 일원이었다. 오코넬은 알루미늄과 질소를 주성분으로 하는 작은 금속판을 만들어 진공 속에 매달아놓는 데 성공했다. 이것은 수영장 위에 걸린 다이빙대와 비슷하다. 그는 이것을 우리의 평상시 온도보다 1만 배 정도 차가운 0.025켈빈까지 냉각시켰다. 그리고 이어서 작은 전기 자극을 이용해 금속판을 진동시켰다. 이때 다이빙대는 마치 수영 선수가 방금 물로 뛰어든 것처럼 수직으로 진동하기 시작했다.

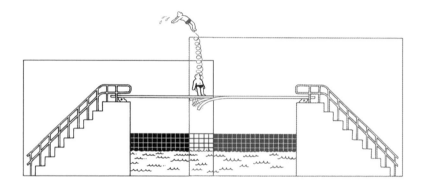

거기까지는 놀랄 게 없다. 이 박사과정생은 그의 나노판이 빨리 그리고 잘 진동하는 것을 목격했다. 그런데 이때 그는 상상할 수 없는 일을 만들어냈다. 교묘하게 금속을 자극함으로써 이 판을 동시에 두 가지 상태에 놓는 데 성공한 것이다. 약 30나노초 동안 작은 금속판은 진동하기도 하고 진동하지 않기도 했다! 마치 다이빙대가 가만히 있으면서 흔들리는 것과 마찬가지였다.

이번에 슈뢰딩거 고양이 놀이를 한 것은 원자 한 개나 분자 한 개가 아니고, 길이는 약 60마이크로미터, 두께는 머리카락 한 올 정도의 눈에 보이는 물체인 금속판이었다. 이 마이크로 다이빙대는 짧은 순간 동시에 두 가지 다른 위치에 있었다. 하지만 두 위치 사이 틈은 너무나 작아서 원자 하나 크기의 100분의 1이었다. 그래도 그날 연구자들은 우리 몸의 크기와 거의 비슷한 차원의 '거시적' 물체의 양자 중첩을 측정해냈다.

이 실험은 언젠가 진짜 슈뢰딩거 고양이를 만들 수도 있음을 암시하는 걸까? 그런 일이 일어나지 못할 이유는 없다. 만약 문제의 고양이가 실험 초반에 가능한 한 가장 순수하고 가장 덜 방해받는 양자 상태, 즉 절대 영도에 가깝게 냉각되어 있고 진공이며 암흑 상태에 있다면 말이다. 참으로 역설적이다. 동시에 두 가지 상태에 있는 저 유명한 슈뢰딩거 고양이를 얻기 위해서는 우선 이 고양이를 죽여 그것의 체온과 그 몸을 이루는 원자들의 움직임도 방해가 되지 않음을 확인해야 할 것이다. 그렇다면 이것은 더 이상 에르빈 슈뢰딩거가 상상했던 실험이 아닐 것이다.

우리 주변의 중첩

중첩이란 개념은 정밀한 세팅을 이용해 실험실에서만 일어나는 일이라고 생각할 수도 있다. 사실 중첩은 우리 주변 어디에나 있는데, 나노 크기의 분자 수준에 숨겨져 있다.

중첩이 가장 아름답게 나타나 있는 것은 아주 단순한 벤젠 분자다. 화학식이 'C_6H_6'인 이 유기화합물은 다양한 플라스틱 제조에 쓰인다. 이것의 기하학적 구조는 단순하다. 탄소 6개로 이뤄진 육각형 모양이며, 각 탄소는 팔을 뻗어 수소 하나를 매달고 있다.

주기율표에서의 위치 때문에 각 탄소는 전자 4개를 이용해 인접한 원자에 달라붙는다. 그런데 탄소는 여기서 이웃을 3개 가질 뿐이다. 따라서 탄소는 네 번째 전자를 이용해 기존 결합 중 하나를 두 개로 만드는데, 이것은 만약의 경우를 대비한 이중 도난방지 장치와 비슷하다. 이것은 아래 그림에서 검은 선 두 줄로 나타나 있다.

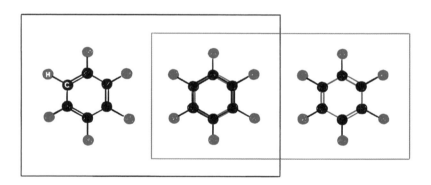

거기까지는 슈뢰딩거 고양이의 흔적이 아니라 그저 화학이다. 그런데 탄소는 매번 어떤 이웃과 함께 하나가 아닌 두 개의 전자를 공유할지 결단을 내려야 한다. 어떻게 결정할까? 사실은 선택하지 않는다! 양자물리학 덕분에 벤젠 분자는 가능한 두 가지 상태의 중첩에 놓인다. 신속한 계산에 따라 벤젠은 이 어려운 일을 해내면서 오히려 중첩이 더 알뜰한 방법이기라도 하듯 에너지를 얻는다. 그로 인해 이 기이한 배치가 더 안정적인 형태가 되고, 따라서 우리 세계의 벤젠은 이 배치를 택한다.

이런 결과를 보기 위해 꼭 벤젠만 살펴볼 필요는 없다. 물 분자인 H_2O 역시 중요한 예다. 10장에서 살펴보겠지만 수소와 산소 원자들이 서로 결합할 수 있는 것은 양자 중첩 덕분이다. 이때 이들 전자의 스핀은 동시에 위 방향과 아래 방향을 향한다.

참으로 긴 여정이었다. 이 이야기가 처음 시작될 때 중첩 상태는 파동 방정식의 수학적 결과이자 거의 철학적인 사고 실험에 국한된 것으로 보였다. 하지만 최근에는 가장 많이 연구되는 현상 중 하나가 되었다. 아마도 가장 극단적인 예는 원자도 분자도 아닌 푸르스름한 암석 안에 있을 것이다!

허버트스미타이트(herbertsmithite)는 1970년대 칠레 광산에서 발견된 광물이다. 이것은 구리 원자를 함유하는데, 이 원자 전체는 일본의 직조 방식에서 따온 '가고메'라는 명칭의 매우 아름다운 기하학적 모티프를 이룬다. 위에서 본 구리 원자들은 규칙적으로 끝없이 반복되는 다윗의 별 모양이다. 각각의 구리는 또 앞에서 설명했던 조그만 양자 자석인 스핀 하나를 갖는다. 다윗의 별 위에 놓인 작은 화살표가 모인 전체 그림을 상상해보자. 아름답지 않은가? 그런데 이 스핀들은 어떻게 방향을 정할까? 모두

위를 향할까? 모두 아래를 향할까?

연구자들이 답을 찾는 데 여러 해가 걸렸으며, 이것은 아직도 여전히 집중적으로 연구된다. 각 스핀은 명확한 방향을 택하기보다 이웃과 중첩 상태에 놓이는 것을 선호하는데, 하나가 위를 가리키면 하나는 아래를 가리키거나 그 반대인 두 가지 경우가 동시에 발생한다!

이게 다가 아니다. 고체는 전부 어떤 이웃 스핀과 이런 쌍을 이루는지 정하지 않으며 각 스핀은 자신의 왼쪽 이웃과 오른쪽 이웃을 동시에 선택하는 듯하다. 모든 가능한 쌍의 배치가 공존할 수 있다. 이것은 더 이상 둘, 셋, 혹은 네 개의 스핀이 아니라 엄청나게 많은 스핀의 합이 될 것이고, 그러므로 이것은 거대하고 지나치게 정교한 중첩 상태에 있게 될 것이다! 자성을 띤 이 새로운 종류의 물체를 '스핀 액체(spin liquid)'라고 하는데, 이렇게 부르는 이유는 심지어 절대 영도에서도 스핀은 정지 상태를 거부하고 이 극단적 양자 상태를 선호하기 때문이다.

이렇게 중첩은 가장 단순한 전자에서부터 가장 복잡한 고체에 이르기까지 나타난다. 기술의 진전 덕분에 이제는 중첩을 만들어내고 정확히 조절하고 게다가 사용할 수도 있다. 젊은 오코넬의 논문 지도 교수였던 존 마티니스를 기억하는가? 그는 조그만 양자 그네에 관한 연구를 지휘했었다. 그는 대학을 떠나 이제 구글에서 양자 IT에 관한 야심찬 연구 프로그램을 이끌고 있다. 70명

이상의 연구 인력이 포함된 팀과 함께 2019년 발표한 논문에서 그는 적어도 계산의 정확성에 있어서는 현존하는 모든 기계를 능가하는 성능의 양자 컴퓨터를 고안했다고 주장한다(13장 참조). 그런 계산 능력을 가능케 하는 메커니즘이 바로 상태의 중첩에 기반하고 있다는 점이 놀랍지 않다!*

---

* 존 마티니스는 2020년 4월 구글을 떠나 대학교로 돌아갔다.

CHAPTER 9

텔레파시를 주고받는 입자들

얽힘

목적: 긴급 과학 감정 요청

친애하는 동료 여러분께,

중국 주재 영사관의 우리 과학 담당관이 논문을 보내왔는데 주안 인(Juan Yin) 교수와 동료들이 쓴 「인공위성을 이용해 얻은 1,200킬로미터에 걸친 얽힘」이라는 논문입니다. 담당관은 이 연구가 전략적으로 매우 중요하다고 합니다. 제가 이 논문을 전혀 이해하지 못한다는 것은 말씀드리지 않아도 아시리라 생각합니다. 지금부터 내일 오전 9시까지 여러분의 전문지식을 기다리겠습니다.

이 글은 몇 주 전 마지막 강의 때 내가 대학교에 보낸 편지 중 하나다. 이 짧은 가상 이야기 속에서 각 그룹의 학생들은 24시간 안에 첨단과학 논문을 해석하고 이해하기 쉽게 설명해야 했다. 위 편지를 받은 이들은 가장 당황하지 않은 학생들이었다. 그들은 연구자들이 최근 1,200킬로미터 거리의 광자 둘을 어떻게 얽히게 했는지 설명해야 했다. 이들은 얽힘이 무엇인지 전혀 몰랐기 때문에 몹시 야심에 차 있었다. 당연하다. 그들은 양자물리학 강의를 아직 수강하지 않았으니까!

이제까지 우리는 입자 하나의 움직임에 대해 논의했다. 이중성, 불확정성 원리, 중첩 상태, 터널 효과 등 이 모든 특성은 매번 한 개의 전자, 원자 또는 광자에 적용된다. 그런데 중국 논문 속에 도사리고 있는 게 무엇인지 이해하려면 여러 입자를 연구하는 물리학 분야에서 집단의 세계를 탐험해야 한다. 여러분은 이미 관찰된 결과들을 더하면 되는 것 아니냐고 되물을 수 있는데, 이때 이 결과들은 더해져 쌓이거나 반대로 소멸할 수도 있다. 그런데 이것이 그리 간단치 않다. 집단 속에서 뜻밖의 당황스러운 새로운 현상들이 나타나기 때문이다.

이 장에서는 가장 즉각적인 예로 상호작용하는 두 입자부터 살펴보자. 이 둘을 특정한 방법에 따라 준비하면 이것들의 움직임을 연결할 수 있다. 이 점을 떠올리도록 지은 명칭이 바로 얽힘이다. 두 입자의 얽힘이라는 형태를 물리학자들은 흔히 양자물리학에서 두 번째로 큰 미스터리로 간주한다. '미스터리'라는 단어를 이해되지 못할 거라는 의미로 생각하지 않기 바란다. 그렇지 않다. 얽힘은 이론을 통해 완벽히 설명될 뿐 아니라 일찍이 30년 전부터 해온 모든 실험을 통해 입증되었다. 이 단어는 얽힘이 우리의 직관을 넘어서 있다는 뜻이며, 아마도 이전 장에서 설명된 다른 역설보다 더 역설적이란 의미일 것이다.

곁돌 필요 없다. 이번에도 역사적 도입은 피하고 주제를 정면 돌파하자.

얽힘을 마주하다

전자는 전하량, 질량 그리고 스핀을 갖는다. 이 스핀을 나침반에서처럼 전자를 덮고 있는 작은 화살표라고 상상해보자. 스핀은 위 또는 아래만 가리킬 수 있다(10장 참조). 전자 두 개를 준비하고, 두 전자의 스핀이 서로 반대가 되도록 화살표 하나는 위를 향하고 나머지 하나는 아래를 향하게 해보자. 이때 두 스핀의 합은 0이고 두 전자가 연결되어 있는 한 이 상태가 지속될 것이다. 그들의 운명은 이제 얽혔다. 미래에 한 스핀이 아래 방향으로 측정된다면 나머지 하나는 반드시 위 방향으로 측정될 것이다. 두 전자가 분리되어 있다고 해도 얽힘은 진짜다. 거기까지는 놀랍지 않다. 이제 다음과 같은 실험을 상상해보자.

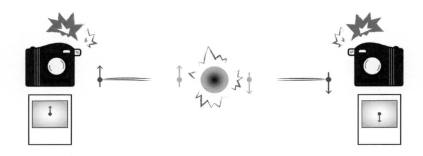

얽힌 두 입자를 실험실의 다른 두 지점으로 보내고 거기서 입자가 검출된다. 각 입자는 나머지 입자와 반대 스핀을 갖는다. 하지만 이상할 것은 없다.

진짜 전자를 사용하는 경우를 제외하면 실제로 일어나는 일은 다음과 같다.

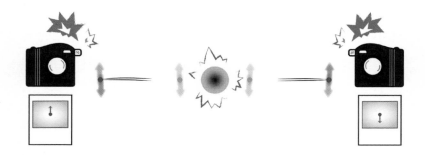

각 입자의 스핀은 검출기에 이르는 경로 내내 동시에 위와 아래를 향해 있다. 측정하는 순간에만 입자가 스핀의 방향을 택한다. 즉 하나가 위쪽을 택하면 나머지 하나는 필연적으로 아래 방향이 된다! 양자 얽힘은 이토록 당황스럽다.

스핀들은 도대체 어떻게 멀리서 서로 영향을 주고받을 수 있을까? 서로에게 메시지를 보내 미리 알리는 걸까? 이 스핀들을 이용해 멀리서 정보를 전달할 수 있을까? 그리고 이 효과가 정말 즉각적이라면 빛보다 빠른 것은 없다는 상대성 이론을 위반하는 것 아닐까?

시간과 공간의 성질에 관한 이런 의문들 속으로 몸을 낮추고 뛰어들기 전에 더 실용적이고 중요한 질문이 필요하다. 실험 최종 순간에야 모든 것이 이뤄진다는 것을 어떻게 확신할 수 있을까? 전자들은 우리가 찾아낼 때까지 정말로 불확실한 중첩 상태에 있는 걸까?

핵심 실험

두 입자가 얽혀 있다는 것을 증명하려면 둘을 분리하는 것만으로는 부족하고, 분리한 뒤 측정해야 한다. 이 입자들은 이미 아무도 모르게 처음부터 잘 정의된 반대 스핀을 가지고 있을 것이다. 이 경우가 아니라면 아인슈타인이 주장한 또 다른 설명이 가능한데, 그는 이 먼 거리에 미치는 신기한 영향을 믿지 않았다. 두 입자는 측정할 때까지 중첩 상태에 있을 것이다. 그런데 이 입자들은 아무도 모르게 처음부터 또 다른 정보인 '숨은 변수'를 공유했을 것이다. 각 스핀은 방향을 정할 때 이 숨은 변수의 값을 보고 어떻게 할지 알게 된다. 이 값이 1이면 스핀의 방향은 위쪽이고 –1이면 아래쪽이다. 이 값들이 일종의 커닝 페이퍼가 되어 시험 시간에 스핀들이 어떻게 방향을 정할지 알려준다. 스핀과 반대로 이 숨은 변수들은 처음부터 반대되는 값일 것이다. 정의상 이 변수는 우리가 알 수 없는데 어떻게 이 가설을 배척할 수 있을까?

모든 시나리오를 구별하기 위해서는 꾀를 내야 한다. 이 분야 많은 실험의 공통점이 바로 그것이다. 성급히 측정하는 것은 소용없다. 얽힘의 경우 펼쳐야 할 전략은 까다로우며 대담함이 필요하다. 기본 준비물은 정리(theorem), 레이저 그리고 최소한 13미터 길이의 실험실이다.

정리를 제공한 학자는 아일랜드의 존 스튜어트 벨(John Stewart Bell)이다. 1964년 이 입자물리학자는 숨은 변수가 있다고 주장하는 시나리오와 진짜 얽힘을 구분할 방법이 있음을 보여준다. 꾀는 무엇인가? 두 스핀을 반복해서 측정하는데, 다만 매번 스핀 검출기를 다른 방향으로 돌리면서 측정한다.

따라야 할 규칙은 새로 측정할 때마다 어떻게 두 검출기의 방향을 정할 것인가, 그 후 얻은 측정 결과를 어떻게 분석할 것인가 규정하고 있다. 결국 그는 모든 결과를 합쳐 단순한 수를 얻는 방식을 제안하는데, 이 수를 'S'라고 하자. 벨의 정리는 S가 2를 초과하면 숨은 변수가 있을 수 없고 정말로 얽힘이 존재한다는 것을 보여준다. 이 예측에 따라 이상적인 테스트가 시행된다. 존 벨이 제안한 것처럼 스핀을 측정하고 방향을 정하고 결과를 취합해 S를 계산한 후 2와 비교하라. 그러면 아인슈타인이 옳은지 그른지 판단할 수 있다.

이 과제에 수많은 팀이 신속하게 도전했다. 1970년대 말 몇 건의 논문에서 2 이상을 발견했음이 발표되었다. 하지만 빠져나갈 구실, 즉 전자의 경우 가능한 '속임수'가 있어 결과가 그리 분명하지 않았다. 전자들이 숨은 변수를 공유하지 않는다면 이것들이 서로 소통하지 않았음을 어떻게 확신할 수 있을까? 첫 번째 스핀은 측정 시 자신의 방향을 택한 뒤 쌍둥이에게 신호를 보내 어떤 방향을 취할지 알려줄 수도 있을 것이다.

두 마술사가 각자 방에 자리 잡고 순간적 텔레파시를 통해 원격으로 소통한다고 주장하는 마술을 아는가? 그들은 반드시 속임수를 가지고 있다. 숨어 있는 세 번째 조수라 할 수 있는, 벽에 대고 비밀리에 입력하는 코드가 있든지 아주 영악한 자라면 무선 송수신기를 치아에 숨기고 있을지도 모른다. 그런데 이 속임수를 밝힐 간단한 방법이 있다. 마술사 한 명은 프랑스에 두고 다른 한 명은 호주에 둔다. 두 나라를 여행하려면 빛의 속도로 50밀리 초가 걸린다. 이때 당신은 마술사들의 텔레파시가 즉각적이지 않음을 분명히 확인할 수 있을 것이다. 속임수가 무엇이든 그들이 생각을 주고받는 데는 언제나 적어도 50밀리초가 걸릴 것이다. 이것은 스핀에서도 마찬가지다. 이것들이 소통하지 않음을 확인하려면 검출기의 방향을 미리 정한 뒤 이것들을 확실히 멀리 떼어놓고 둘 다 아주 빨리 측정하면 된다. 한마디로, 둘을 앞서가면 된다!

이것이 바로 1981년 알랭 아스페(Alain Aspect), 필리프 그랑지에(Philippe Grangier) 그리고 제라르 로제(Gérard Roger)의 도전이다. 세 연구자는 최근 파리 사클레로 이름이 바뀐 오르세 대학교 광학연구소에 근무했다. 그들은 전자보다 광자를 이용하기로 하고 그것의 스핀이 아닌 편광을 측정한다. 그러나 원칙은 같다. 먼저 칼슘 원자를 들뜨게 하는데, 이때 이 원자는 얽힌 광자 두 개

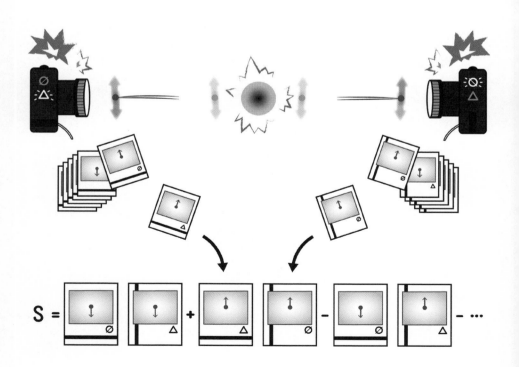

를 방출한다. 그들은 각 광자를 13미터 거리의 실험실 양 끝에 있는 두 검출기를 향하도록 한다. 두 광자가 소통하고자 한다면 최소한 43나노초가 필요하다.

물리학자들은 이때 더 빨리 앞서가는 이 기막힌 일을 해낸다. 그들이 이 일을 위해 고안한 검출기는 마지막 순간, 다시 말해 마지막 나노초에 자신의 방향을 정한다. 이제부터 광자들은 속임수를 써서 정보를 주고받을 수 없다. 이 점을 염두에 둔 그들은 결국 존 벨의 방법에 따라 그 유명한 수 테스트*를 할 수 있다. 아래 그림은 측정 원리를 보여준다. 마침내 연구자들은 특정 배치하에서 S값은 1퍼센트 오차로 2.7이므로 분명 2 이상임을 발견한다. 더는 의심이 들어설 곳이 없다. 그날 이 사클레 지역의 한 건물에서 두 광자는 13미터 거리를 두고 즉시 서로 영향을 주고받았다. 아인슈타인이 틀렸다. 양자 얽힘은 정말로 존재한다.

---

* 벨의 정리에 따른 S값이 2를 초과하는지 않는지 알아보는 것이다-옮긴이.

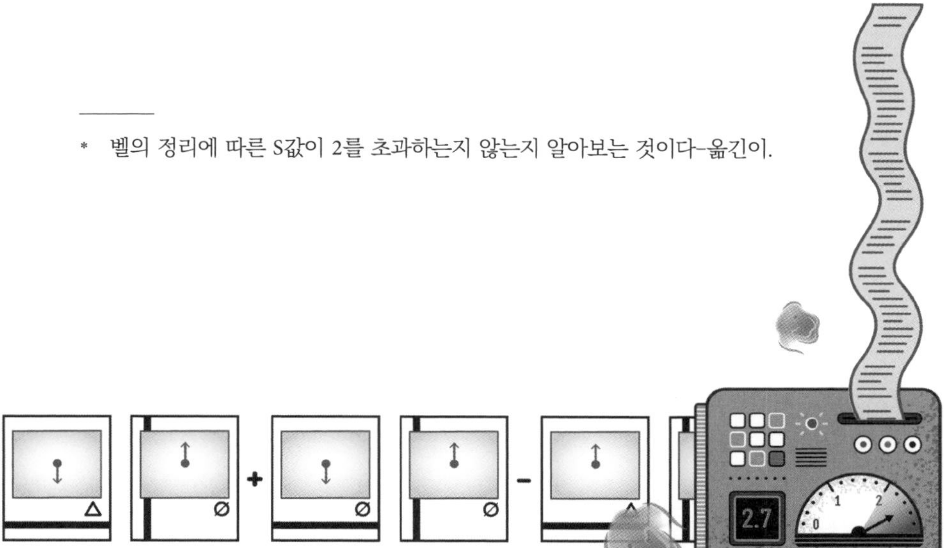

수학적 독백(이번만임!)

방정식을 좋아하지 않는다면 이번 내용은 피하시길! 이것은 얽힘을 이해하는 데 중요하지 않으며 수적인 부분을 더 이해하도록 도움을 준다.

여전히 이 책을 읽고 있는가? 그렇다면 얽힘에 관한 다른 실험을 소개하겠다. 이 실험의 별칭은 이것을 고안한 세 사람 대니얼 그린버거(Daniel Greenberger), 마이클 혼(Michael Horne), 안톤 차일링거(Anton Zeilinger)의 성을 따서 G.H.Z라고 한다. 이 실험은 얽힘이 얼마나 기이한지를 수학적으로 보여준다.

이번에는 우선 얽히게 할 스핀이 두 개가 아니라 세 개다. 이번에도 이 스핀들을 세 개의 개별 검출기 A, B, C로 보낸다. 이전처럼 각 검출기는 언제나 X, Y(그림에서는 작은 표식 Ø와 △로 나타냄)로 표현되는 두 개의 다른 방향으로 스핀을 측정할 수 있다. 여느

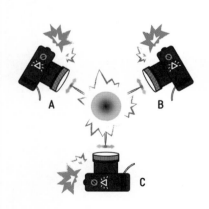

수학 문제에서처럼 편의를 위해 기호를 골라 표기해보자. X 위치에 있는 검출기 A가 위 방향 스핀을 측정하면 그것을 $A_x = +1$로 표기하자. 스핀이 아래 방향이면 $A_x = -1$이라고 쓴다.

물리학자들이 처음 이 실험을 했을 때 모든 측정 결과가 예상대로 언

162

제나 위 방향 또는 아래 방향의 스핀, 즉 +1 또는 -1 값을 내놓았다. 그런데 측정을 많이 해본 뒤 그들은 두 가지 사실이 철저히 반복되는 것을 확인했다.

첫 번째 관찰에서는 감지기가 X에서 스핀 하나를, Y에서 나머지 두 개의 스핀을 측정할 때마다 두 스핀이 아래 방향, 즉 -1과 -1이고 나머지 하나는 위 방향의 +1임을 발견했다. 따라서 셋의 곱은 언제나 +1이다. 우리의 식으로 표기하면 매번 이렇게 쓸 수 있다.

$$A_X \times B_Y \times C_Y = +1$$
$$A_Y \times B_X \times C_Y = +1$$
$$A_Y \times B_Y \times C_X = +1$$

두 번째 관찰에서는 모든 감지기가 X에 있을 때 매번 스핀 하나 또는 셋이 아래 방향인 것을 발견했다. 절대 둘이 아래 방향인 경우는 없다. 그러므로 셋의 곱은 언제나 -1이다.

$$A_X \times B_X \times C_X = -1$$

그래서 어쩌라는 거냐고 물을 건가?

이제 방정식을 가지고 좀 놀아보자. -1 또는 +1의 제곱은 언제나 +1이므로 $(A_Y \times B_Y \times C_Y)^2 = +1$이다. 그러면 쓰기 놀이를 해볼 수 있다.

$$A_X \times B_X \times C_X = A_X \times B_X \times C_X \times (A_Y \times B_Y \times C_Y)^2$$

$$= (A_X \times B_Y \times C_Y) \times (A_Y \times B_X \times C_Y) \times (A_Y \times B_Y \times C_X)$$

첫 번째 관찰에 따르면 괄호 안의 곱은 모두 +1이다. 그로부터 $A_X \times B_X \times C_X$도 +1이라는 것을 알 수 있다. 그런데 두 번째 관찰 결과는 정확히 반대다! 측정 결과는 서로 모순되어 보이고 수학적으로 불가능하다!

사실상 우리의 추론에서 유일한 오류는 처음부터 스핀의 방향이 알려져 있었다고 생각한 점, 즉 A_X, A_Y, B_X, B_Y, C_X, C_Y가 정해진 값을 가진다고 생각한 점이다. 그런데 이것들은 측정하는 순간에만 얽힘을 이용해 멀리서 영향을 주고받았으며 양자물리학 방정식 덕분에 우리는 관찰한 것을 다시 확인할 수 있다. 이 결과는 스핀의 연산자 치환이라는 기이한 특성에서 나온 것이며, 결국 흥미로운 상관관계로 귀결된다(5장 끝부분 참조). 여기까지 얽힘의 특이함을 가장 순수한 수학적 관점에서 살펴보았다.

세계를 다르게 보기

아인슈타인은 두 입자가 멀리서 즉시 영향을 주고받을 수 있다는 생각을 받아들이지 않았다. 그래서 그는 국소성 원리에 의지했다. 이 원리는 어떤 물체가 지금 있는 근접한 환경을 통해서만 영향을 받을 수 있다고 규정하는데, 상식적으로는 그렇다. 하지만 아인슈타인은 틀렸다.

얽힘에 관한 실험은 사실 양자물리학이 '국소적이지 않을 수 있다'는 것을 증명한다. 모든 입자는 오로지 그것이 위치한 곳에서 국소적으로 일어나는 일에 의해서만 움직이지 않는다. 입자는 충분히 멀리 떨어진 다른 입자의 영향을 즉시 받을 수 있다. 이때의 상호작용은 서로를 끌어당기는 두 자석의 경우처럼 단순하지 않다. 이 효과는 두 전자 사이 거리가 얼마나 되든 느껴진다. 더 놀라운 것은 거리가 멀어질 때 이 효과가 약해지지 않는다는 점이다. 입자들이 나머지 세계로부터 보호되는 한 말이다. 이것은 마치 은하수 양쪽 끝에 자석을 하나씩 놓고 하나를 거꾸로 돌리면 나머지 하나가 곧 딸려오는 것과 마찬가지다.

이 먼 거리의 즉각적 행위는 세계를 보는 우리의 관점에 의문을 던지는가? 더 형이상학적 관점에서 보면 모든 것은 파동함수를 해석하는 방법에 달려 있다. 두 입자는 공통의 파동함수를 통해 설명된다. 두 입자가 분리될 때 두 번째 입자는 펼쳐진다. 그러나 측정하면 이 입자는 즉시 환원되고, 이것은 국소성의 원리를 위배하는 것이다. 왜냐하면 이때 한 물체가 멀리서 즉시 또 다른 물체에 영향을 주는 것처럼 보이기 때문이다. 파동함수의 해석에 대한 의견은 분분하다(7장 참조). 파동함수가 물리적 실체를 가진다면 우리가 습관적으로 생각하는 공간이란 개념에 심각한 문제를 일으킬 만한 부조리함이 정말 있는 것이다. 반대로 파동함수가 그저 예측 도구라면 물질적 실체는 측정 후에만 의미가 있으며 더 이상의 모순은 없다.

어떤 이들은 우리의 의식 역시 양자 원자와 양자 입자로 만들어졌고 이 의식이 우주 전체와 얽힐 수 있다고 주장한다. 거리는 중요하지 않기 때문이다. 그런데 얽힘은 지극히 연약한 현상이다. 얽힌 두 입자 중 하나와 경로에 있는 다른 원자들 간의 아주 작은 상호작용도 즉시 효과를 파괴한다. 여기서도 결잃음이 작동한다. 뇌 안에서 37도로 끊임없이 움직이는 수십억 개의 원자 속에 나타난 우리의 의식은 거시적 차원의 어떤 것과도 얽힐 수 없다.

반면 입자들이 자신의 길을 가는 동안 조금이라도 보호된다면 알랭 아스페의 선구적 실험 속 13미터 이상에서도 입자들을 얽히게 할 수 있다. 1981년부터 기록은 끊임없이 이어지고 있다. 1998년 스위스의 니콜라 지생(Nicolas Gisin) 연구 팀은 스위스 통신망의 광섬유를 이용해 20킬로미터 떨어져 있는 두 광자 사이의 얽힘을 유도해냈다. 더 강력한 사례도 있다. 2007년 오스트리아의 안톤 차일링거 연구 팀은 카나리아 제도의 144킬로미터 떨어져 있는 두 섬 사이 광자를 얽히게 하는 데 성공했다. 두 입자 중 하나는 라팔마섬에서 테네리페섬을 향해 대기 중으로 보냈다. 테네리페섬은 무작정 고른 섬이 아니었다. 사실 이 섬에는 유럽우주국(ESA)의 거대 망원경이 있었는데, 이것을 광자 검출 실험을 위해 사용했다.

그러나 이 모든 업적은 이 장 서두를 장식한 2017년 『사이언스(Science)』지에 실린 논문의 성과에 비하면 보잘것없다. 이 논문은 인공위성을 통해 무려 1,200킬로미터 거리의 얽힘을 보고하고 있다. 이 논문의 업적은 두 가지다. 거리가 엄청나다는 점뿐만 아니라 특히 실험실 일부가 축소되어 인공위성에 실려 우주로 보내졌다는 점이다! 고도 500킬로미터 근처의 궤도를 돌던 우주선은 지구를 향해 얽힌 광자의 쌍들을 보낸다. 하나는 중국 서부의 더링하시(德令哈市)이고, 다른 하나는 남쪽으로 1,200킬로미터 떨어진 리장시(丽江市)다. 여행 초기 천체 우주 공간에서는 두 광자가 거의 입자들과 만나지 않는다. 그러다가 여정의 마지막 10킬로미터, 즉 광자가 대기를 통과할 때 두 광자는 주로 공기 중의 분자들과 상호작용한다.

그리하여 인공위성을 통해 매초 발사된 600만 쌍 중 하나만 그대로 검출기와 만나는 데 성공한다. 실험 각 단계에서 극복할 과제는 많다. 인공위성에서 얽힌 광자들 만들기, 지구의 검출기를 향해 극도의 정확성을 기해 보내기, 각 광자 검출하기, 그리고 어떤 광자들이 1,200킬로미터 떨어진 쌍을 이루는지 나노초 단위로 확인하기 등이다. 빛의 방해를 최대한 피하기 위해 모든 것이 밤에 이뤄져야 함은 말할 필요도 없다. 결국 연구자들은 벨의 실험을 성공적으로 해내고 S값이 2.37이라고 측정했다. 또 한 번 돌이킬 수 없는 판결이 나왔다. 그것은 살아남은 몇 개의 쌍이 얽혔다는 것이다. 이제 우주에서의 양자 실험이라는 새로운 연구 분야가 열렸다.

얽힘은 어떻게 쓰일까?

이 이야기들을 읽을 때 우리는 제한 없는 즉각적 소통을 꿈꾸게 된다. 빛이 화성에 도달하는 데 걸리는 최소한의 시간인 4분을 기다리지 않고도 화성에 메시지를 보낼 수 있을까? 얽힘을 이용해 빛의 속도를 능가할 수 있을까?

답은 불행히도 '아니요'다. 전달되는 것을 선택할 수 없다는 단순한 이유에서다. 두 명의 과학자가 각각 한 검출기 앞에 있을 때 그들은 신호에 영향을 줄 어떤 방법도 없이 무작위로 뽑힌 일련의 신호를 측정한다. 달리 말하면 그들은 말할 수 없고 들을 수만 있으며, 그들이 측정한 것은 완전히 우연적이다. 만일 각각 얻은

신호의 관계를 확인하고자 한다면, 서로 만나거나 빛의 속도로 제한되는 전통적 방법을 통해 서로를 불러야 한다. 한마디로, 현재 우리 의식 상태에서는 진공에서 빛의 속도인 초당 299,792,458미터보다 더 빨리 가는 것이 완전히 불가능하다.

그러므로 얽힘은 쓸모없고 그저 수많은 양자 역설을 탐구하는 데 효용이 있어 보이기도 한다. 하지만 이것은 실제로 여러 기술에서 핵심 역할을 하고 있으며, 그중에는 이미 상용화된 기술도 있다. 얽힘을 이용하면 침범할 수 없는 암호를 전달할 수 있는데, 이것은 고대의 암호화 기술이 뜻하지 않게 부활한 것이나 마찬가지다.

두 사람이 암호를 주고받으려 한다고 가정해보자. 이를 위해 그들은 얽힘 실험의 두 검출기가 있는 곳에 선다. 여기서 각자 얽힌 스핀 쌍을 측정하는데, 이때 조심스럽게 각자의 검출기 방향을 매번 무작위로 바꾼다. 그런 다음 두 사람은 서로 불러 선택한 다른 방향들을 알려주는데, 그들이 비밀로 간직한 측정 결과는 알려주지 않는다. 두 검출기가 같은 방향을 가리킬 때마다 그들

은 반대 방향 스핀을 측정했음을 알고 있다. 이때 그들은 종이에 위, 아래, 아래, 위, 아래 등과 같은 식으로 스핀의 방향만 적는다. 이 연속됨이 그들에게 비밀의 키를 제공한다. 그 후 이 키는 그들이 암호화된 메시지를 해독하는 데 쓰일 것이다. 어떤 스파이가 키를 얻어내고자 실험 도중 스핀들을 가로채려 한다면 그는 스핀에 돌이킬 수 없는 영향을 줄 것이고, 즉시 스파이는 색출될 것이다.

또 다른 적용 예는 단순한 이름 때문에 사람들을 환상에 빠지게 하는 '양자 순간이동'이다. 영화 〈스타트렉(Star Trek)〉 팬들에게는 유감이지만 거기 나오는 것은 진짜 순간이동이 아니다. 어떤 물질도 갑자기 사라져 다른 곳에서 다시 물질화되어 나타나지 못한다. 이 기술의 목표는 그저 한 입자의 양자 상태를 복제한 후 한 쌍의 얽힘을 이용해 멀리 떨어져 있는 또 다른 입자로 보내는 것이다. 얽힌 쌍이 양자 복사기 역할을 한다. 여기서 한 입자에서 다른 입자로 복사되는 것은 파동함수의 형태다.

다시 마법사 커플에게 도움을 청해보자. 그들의 이름은 앨리스와 밥으로 얽힌 쌍을 의미한다. 앨리스는 사람들 앞에 서서 지

원자를 요청한다. 마리가 무대로 오른다. 그동안 밥은 거리로 나가 극장 밖에서 또 다른 지원자인 맥스를 데려온다. 고요한 가운데 무대에서 앨리스는 마리의 손을 잡고 집중한다. 밥은 밖에서 똑같이 맥스의 손을 잡는다. 갑자기 앨리스가 요술 지팡이를 휘두르며 크게 "순간이동!" 하고 외친다!

같은 순간 밥은 어떤 영(靈)의 기운처럼 누군가 그를 통과해 맥스에게 전달되는 것을 느낀다. 맥스는 즉시 변신한다! 맥스가 극장으로 돌아올 때 사람들은 얼이 빠진다. 사람들은 그가 전에 입고 있던 채색된 티셔츠 대신 마리가 무대에서 입고 있는 것과 모든 면에서 똑같은 파란색 모직 스웨터를 입고 있는 것을 발견한다. 마리의 옷이 두 마술사를 통해 거리의 맥스에게 전송된 것이다. 양자 차원에서만 작동하는 이 '마술'은 놀라운 볼거리일 뿐아니라 원거리 소통에 유용하다. 양자 중첩은 아주 먼 경로를 가면 사라질 수 있으나 이 양자 전송 기법을 이용하면 경로를 따라 일정한 간격으로 '복사-붙이기'할 수 있으므로 중첩을 잃지 않을 수 있다.

마지막으로, 가장 덜 알려졌으나 가장 놀라운 얽힘 사례인 '양자 유령 사진'을 소개하려 한다. 2014년 오스트리아 빈 대학교의 가브리엘라 바레토 레모스(Gabriela Barreto Lemos)와 동료들은 독특한 방식의 사진을 찍으려고 했다. 그들은 구분된 두 개의 길을 따라 얽힌 광자 쌍들을 보냈다. 왼쪽 길에 작은 스크린을 놓았는데, 그 안에는 고양이의 윤곽이 스텐실로 찍혀 있었다. 광자는 고양이 모양의 구멍을 통과하든지 스크린 위에 충돌해 사라질 수도 있었다. 얽힘 덕분에 이것과 몇 센티미터 떨어져 있는 오른쪽 길에 있는 쌍둥이 광자는 즉시 영향을 받았다.

이 여성 물리학자는 교묘하게 배치된 여러 거울을 이용해 오른쪽의 광자 전체를 찾아내 검출기 위에 이미지를 만들어낼 수 있었다. 이때 그녀는 고양이의 실루엣이 나타나는 것을 보았다! 그녀는 방금 최초의 유령 사진을 만들어냈다. 이것은 대상을 전혀 본 적이 없는, 빛으로 만든 사진이었다.

이제 우리는 이번 장의 종착지에 도달했다. 그리고 아직은 얽힘의 가장 유명한 사례인 양자 컴퓨터에 관해 언급하지 않았다. 이 놀라운 컴퓨터에서는 수백 개의 양자 입자가 동시에 중첩되고 얽힌다! 이 거대한 도전과제는 그 자체로 한 챕터의 가치가 있으므로 이 책의 마지막 부분에서 다시 살펴보자.

CHAPTER **10**

단순한 쌍둥이가 아니다
구별 불가능성

야바위 카드놀이를 해본 적 있는가? 야바위꾼은 땅에 마분지 상자를 놓고 그 뒤에 서서 행인들을 불러 세운다.

"게임하러 오세요. 내기하러 오세요! 쉬워요. 속임수도 없고요. 보세요, 제가 카드 세 장을 쥐고 있죠. 확인해보세요. 검은색 킹두 장과 빨간색 퀸 한 장, 간단하죠. 이제 당신 차렙니다."

이제 그는 마분지 위에 카드 세 장을 평평하게 놓는데, 퀸을 중앙에 배치한다. 그러고 나서 휙, 휙 카드 하나는 왼쪽으로 다른 하나는 오른쪽으로 보낸다.

"자, 여러분, 퀸은 어디 있을까요? 이제 돈을 거세요. 맞습니까? 이겼네요."

처음부터 당신은 퀸에서 눈을 떼지 않았다. 확신에 찬 당신은 맞다고 여기는 카드 위에 지폐를 놓는다. 야바위꾼이 카드를 뒤집자 나온 것은 킹이다. 물론 당신에게는 승산이 전혀 없다. 그 유래가 14세기까지 거슬러 올라가는 이 사기 게임에서 모든 것은 자신이 원하는 대로 카드를 다루는 야바위꾼의 손재간에 달려 있다.

이 게임에서는 카드 뒷면에 어떤 표시를 하거나 귀를 접어놓을 수 없고 반드시 동일하게 유지되어야 한다. 양자물리학에서도 같은 계열 입자들은 모두 같아 서로 구분될 수 없다. 예를 들어 전자 두 개를 생각해보면 그들의 질량(m) 또는 전하($\pm$)는 정확히 같다. 그런데 양자 입자들은 또한 구별이 불가능하다(●). 야바위 게임에서 카드 두 장의 뒷면은 같지만, 결국 우리는 각 카드의 움직임을 따라가는 데 얼마간 성공한다. 양자 야바위에서는 심지어 속임수가 없는데도 눈으로는 더 이상 카드를 따라갈 수 없을 것이다. 당신이 중앙의 카드와 오른쪽 카드를 맞바꿨다고 가정해보자. 당신은 이후 각 카드가 어디에 있는지 알 방법이 전혀 없다. 심지어 이 카드 다발을 조작하는 사람도 그것을 알 재주가 없다! 이 기이한 현상의 원인은 불확정성 원리에 있다. 이 원리는 입자의 위치와 속도를 동시에 정확히 알지 못하도록 한다(5장 참조). 따라서 카드의 경로를 정교하게 따라가는 것이 불가능해진다.

구별 불가능성은 우리 세계의 차원에는 존재하지 않는 순전히 양자적인 특성 중 하나다. 그러므로 그것을 우리의 고유한 기준과 직관으로 살펴보기는 어렵다. 이것은 그저 입자들끼리 완벽히 닮아 있다는 것이 아니다. 더 나은 이해를 위해 양자 입자 둘을 골라 이쪽과 저쪽에 놓아보자.

당구에서처럼 둘을 각각 상대방 쪽으로 보내자.

충돌 후에는 ●과 ● 중 어떤 것이 왼쪽 혹은 오른쪽 것인지 알 수 없다. 구별 불가능성은 얽힘, 파동–입자 이중성 또는 불확정성 원리보다 널리 알려지지 않았으나 핵심 개념이다. 이 개념 단독으로 우리 우주를 이루는 원자들의 다양성, 분자 내부의 화학적 결합력, 심지어 금속의 존재까지 책임지고 있다!

대칭 이야기

수학의 도움으로 구별 불가능성이 왜 그런 영향력을 가지는지 이해해보자. 사실 구별할 수 없는 두 입자가 완전히 특수한 형태의 파동함수, 즉 대칭적이거나 반대칭적인 파동함수만 나타낸다는 점을 엄밀히 증명하기란 쉽다. 대칭과 반대칭의 의미는 중앙을 기준으로 파동함수를 반전시키면 정확히 똑같거나(∿∿) 완전히 반대된다는 뜻이다(∿✓). 그 외 다른 어떤 형태도 구별 불가능성과 양립할 수 없다.

대칭적 입자(∿∿)를 보손(boson, ▥)이라고 하는데, 이 명칭은 처음으로 이것을 생각해낸 인도의 물리학자 사티엔드라나스 보스(Satyendranath Bose)의 이름에서 왔다. 반대칭적 입자(✓∿)는 페르미온(fermion, ◗)이라고 하는데, 이것은 양자물리학의 선구자 중 한 명인 이탈리아의 엔리코 페르미를 기념하기 위한 것이다. 입자가 페르미온에 속하느냐 보손에 속하느냐에 따라 입자의 각 계열은 매우 다른 운명을 맞이할 것이다.

페르미온부터 시작해보자. 두 개의 페르미온이 동일하다고 가정하고 둘을 같은 장소에 놓으려 해보자. 둘의 파동함수는 반대칭적이고, 따라서 각 파동함수 값은 정반대 값이다. 그런데 이것은 불가능하다. 이를테면 –2는 결코 2와 동일하지 않기 때문이다. 따라서 이 함수는 반드시 무효이며 그곳에는 페르미온이 전혀 없다. 그로부터 페르미온의 기본 특성을 알 수 있다. 이 원리를 처음으로 설명한 것은 볼프강 파울리다.

배타 원리

동일한 페르미온 두 개는 같은 지점에 있을 수 없다.

◆ | ◆

페르미온이 파티에 초대받는다면 그는 다른 가족들도 올 수 있는지 미리 확인해야 할 것이다. 올 수 있다면 그들 모두는 각자 다른 옷차림을 하는 데 미리 동의해야 할 것이다.

그러나 보손의 경우는 완전히 다르다. 이들의 삶은 더 단순하고 사교적이다. 두 보손은 이를테면 같은 곳(🐛)에 공존할 수 있을 뿐 아니라, 측정 결과에 따르면 그렇게 하도록 장려된다. 주어진 영역에 보손이 많을수록 이것은 더 많은 보손을 끌어당긴다.

일반적으로 우리는 레스토랑을 고를 때 사람이 없고 조용한 곳보다는 여러 손님이 먼저 앉아 있는 곳을 선호한다. 그렇다. 보손도 똑같이 움직인다!

요컨대 페르미온(◆|◆|◆)은 외로운 늑대다. 반대로 보손은 양자물리학의 양이어서 떼로(🐛 🐛) 이동하기를 좋아할 뿐 아니라 서로 겹치게 쌓여 있기(🐛🐛🐛🐛🐛)도 좋아한다.

입자들의 세계

당신은 보손인가, 아니면 페르미온인가? 비유적 의미뿐 아니라 아주 구체적인 의미에서 묻는 것이다. 원자로 이뤄진 육체로서의 당신은 결국 반대칭 쪽인가, 아니면 대칭 쪽인가? 이 질문에 답하려고 얼굴 한가운데 거울을 대지는 마시길. 그런 게 아니다. 답은 여러분의 스핀(⬆)이라는 한 가지 물리량에 달려 있다.

⬆⬆⬆⬆⬆⬆ 스핀 ⬇⬇⬇⬇⬇⬇

양자물리학 법칙을 발견했을 때 물리학자들은 이 법칙들을 즉시 원자와 원자의 전자들에 적용했다. 그들은 슈뢰딩거 방정식을 이용해 그것의 특성을 계산하려고 했다. 모든 게 훌륭하게 맞아들었지만 특정한 분광 측정들만은 이론과 잘 맞지 않았다. 한마디로, 전자를 잘 설명하기에는 무언가 부족한 듯했다.

그때까지는 전자의 질량, 전하량과 파동함수(〰)로 만족했다. 두 젊은 물리학자 조지 울런벡(George Uhlenbeck)과 사뮈얼 하우트스미트(Samuel Goudsmit)는 새로운 특성인 스핀을 추가하는 대담한 가설을 세웠다. 스핀(spin)은 영어로 '돌다'라는 뜻인데, 그럼에도 불구하고 실제로 전자의 스핀은 전자의 자체적 회전을 뜻하지 않는다. 이것은 여권에 탑재된 홍채 색깔처럼 내재적 특성의 새로운 표현이며 예상 밖의 특성이다. 이 스핀은 N극과 S극을 가진 작은 자석처럼 움직이며 자기장에 민감하다. 이것을 '양자 미니 자석'이라 명명해야 할지도 모르지만 '스핀'이란 말이 훨씬 실용적이라는 것은 인정하자.[*]

입자들은 대부분 스핀을 갖는다. 예를 들면 양성자나 중성자도 그렇다. 앞에서 이미 살펴보았듯 양자 세계의 특성은 우리가 평소에 생각한 것처럼 나타나지 않고 흔히 수량화된다. 스핀도 예외가 아니다. 만일 당신이 전자의 스핀을 측정하면 언제나 매우 정확히 $5.272859 \times 10^{-35}\,\mathrm{m^2 \cdot kg/s}$ 또는 $-5.272859 \times 10^{-35}\,\mathrm{m^2 \cdot kg/s}$를 얻을 것이다. 이 값은 아무렇게나 얻은 것이 아니고 정확히 1/2에 플랑크 상수 'h'를 곱하고 2π로 나눈 값이다. 물리학자들은 편의를 위해 1/2만 기억한다. 간단히 말하면 전자(Ⓔ)는 언제나 1/2 또는 −1/2의 스핀 값을 가지며 이것을 ↑ 또는 ↓으로 표기한다.

다른 개체의 스핀 값은 더 클 수 있다. 예를 들어 광자의 스핀은 1, 나트륨 원자핵의 스핀은 1.5다. 그런데 스핀은 언제나 정수(↑) 또는 반(半)정수(↑)다. 이것은 피아노 브랜드가 무엇이든 피아노 음 간의 간격에 따라 언제나 반음과 온음이 있는 것과 마찬가지다. 다른 값은 전혀 나올 수 없다. 이런 점에서 스핀은 아마도 우주에서 가장 잘 '조율된' 물리량일 것이다!

---

[*] 자석이 자성을 띠는 이유는 스핀 덕분인데, 이때 모든 스핀이 함께 정렬함으로써 그러한 효과가 나타난다.

이제 스핀을 알았으니 '스핀-통계 정리'에 따라 보손과 페르미온으로 분류할 수 있다. 간단히 정리하면, 정수 스핀을 갖는 입자는 모두 보손이고 반정수 스핀을 갖는 입자는 모두 페르미온이다.

각 입자가 어떤 계열에 속하는지 알아보려면 그것의 스핀을 계산하면 된다. 그 값이 7/2인가? 그러면 페르미온이다. 그 값이 2인가? 그러면 보손이다. 그리고 전자의 스핀은 1/2이어서 페르미온이며, 광자(◎)는 스핀이 1이어서 보손이다.

전자와 광자에 관해 설명한 덕분에 양자물리학은 이 두 계열로 요약된다는 것을 알 수 있다. 그러나 다행히 세계는 훨씬 풍요롭다. 우리에게 이 점을 알려주는 학문이 바로 이름마저 잘 붙인 '입자물리학'이다. 양자물리학 시초부터 바탕이 잘 다져진 이 학문은 제2차 세계 대전 이후 엄청난 도약을 이루었다. 반세기 만에 입자물리학은 모든 기본 입자를 설명하는 이론을 세우는 진정한 위업을 달성했다. 여기서 기본 입자란 더 이상 다른 개체로 분해할 수 없는 입자다. 바로 그 이론이 '표준 모형'이며 이것은 우리의 세계를 가장 기본적인 개체들로 환원시키는 것을 목표로 한 공동의 업적이다. 이처럼 우리 세계 전체는 다음과 같은 유일무이한 기본 벽돌들을 기반으로 세워져 있다.

ⓤⓒⓣⓓⓢⓑⓔⓤⓣⓤⓤⓤⓑⓔⓔⓔⓔⓔ

이 입자들을 가지고 모든 것을 만들 수 있다. 표준 모형의 예측은 언제나 인상적인 결과를 보여주는 입자 가속기를 이용한 실험을 통해 증명되었다. 이 가속기 중 하나가 프랑스와 스위스 국경에 있는 유럽입자물리연구소(CERN)의 대형강입자가속기(LHC)인데, 둘레가 27킬로미터에 달해 세계 최대 크기를 자랑한다.

기본 입자로 이뤄진 신기한 동물도감

우선 무거운 입자가 있는데, 이것들은 물질을 구성한다.

ⓤⓒⓣⓓⓢⓑⓔⓤⓣⓤⓤⓤ

이것들은 모두 질량을 가지며 스핀 값은 1/2이다. 따라서 이것들은 페르미온이다. 그중에서도 6가지 종류가 있는 쿼크가 가장 무겁다. 6가지 종류는 위(up) 쿼크(ⓤ), 맵시(charm) 쿼크(ⓒ), 꼭대기(top) 쿼크(ⓣ), 아래(down) 쿼크(ⓓ), 야릇한(strange) 쿼크(ⓢ), 바닥(bottom) 쿼크(ⓑ)다. 훨씬 가벼운 나머지 6개는 렙톤(lepton)이라 부르며 전자(ⓔ), 뮤온(muon, ⓤ), 타우(tau, ⓣ) 그리고 3개의 중성미자(neutrino, ⓤⓤⓤ)를 포함한다. 이제 남은 일은 조합하는 것뿐이다. 쿼크는 언제나 3개가 모여 이뤄진다.

중성자를 만들려면 위 쿼크 1개와 아래 쿼크 2개를 조합하라.

⚇ = ⚈ + ⚉ + ⚉

양성자를 만들려면 아래 쿼크 1개와 위 쿼크 2개를 조합하라.

⚇ = ⚈ + ⚈ + ⚉

다음으로 중성자와 양성자는 핵을 이룬다. 전자를 몇 개 더하면 원자가 되고, 다음으로 분자, 기체, 고체, 액체 등이 만들어진다. 여기까지가 단단한 것들이다.

입자의 두 번째 계열은 손으로 만져지기 힘든 보손이다.

⚇ ⚇ ⚇ ⚇ ⚇

우리는 이미 광자(⚇)를 알고 있고, 다음으로 글루온(gluon, ⚇), 약한 W보손(⚇)과 Z보손(⚇) 그리고 힉스(Higgs) 보손(⚇)이 있다. 이 입자들은 엄밀히 말하면 물질을 구성하지는 않으며, 이들 중 일부는 질량조차 없다. 이것들은 특히 힘을 가지고 있으며 상호작용을 한다. 예를 들어 두 전하 **+**와 **−**는 광자를 매개로 서로를 끌어당긴다. 스마트폰을 사용할 때 여러분이 가장 가까운 휴대전화 기지국까지 빛의 속도로 전송하는 것이 바로 광자.

≡⚇≡⚇≡⚇≡⚇≡⚇

보손이 가진 또 다른 상호작용들은 널리 알려져 있지 않지만 역시나 중요하다. 특히 글루온은 강한 상호작용을 담당하고 W보손과 Z보손은 약한 상호작용을 갖는다. 이 중 매개력이 가장 강한 힉스 보손은 2012년 LHC에서 발견되었다. 이것 덕분에 다른 입자들이 질량을 가질 수 있다.

여러분을 이해시키지 못했을까? 당연하다. 때로 입자물리학은 이국적인 이름을 가진 기이한 동물 같은 인상을 준다. 이것은 마치 물리학자들이 새로 발견한 입자들을 쌓아두었다가 진열장에 하나씩 고정해두는 것과 비슷하다. 사실상 이 모형은 지금까지 생각해낸 것 중 가장 심오하고 일관성 있는 모형 중 하나다. 우리 주변의 것들을 만드는 데 쓰이는 기본 입자들은 모두 그것의 스핀에 따라 간단히 분류될 수 있다는 점을 기억하자.

예를 들어 수소 원자(Ⓗ)는 어떤 계열에 속할까? 수소는 전자(ⓒ) 1개와, 쿼크 3개로 이뤄진 양성자(🐽) 1개를 포함한다. 따라서 1/2스핀인 입자가 총 4개 있다. 스핀의 총합은 반드시 정수(↑)다. 그러므로 수소는 보손이다. 질소 원자는 7개의 전자, 7개의 양성자, 7개의 중성자를 포함한다.

計算해보면 1/2스핀인 기본 입자가 49개이며, 스핀의 총합은 반드시 반정수(↑)다. 따라서 질소는 페르미온이다.

마지막으로, 여러분 자신이 무리에 속하는지 은둔자인지, 그러니까 보손인지 페르미온인지 알고 싶다면, 여러분의 몸을 이루는 모든 원자의 스핀값을 더해 그 결과가 정수인지 반정수인지 알아내기만 하면 된다. 불행히도 이 셈은 지긋지긋할 것이다. 여러분을 이루는 원자는 헤아릴 수 없이 많으니까. 더구나 이 덧셈은 별 의미가 없다.

결잃음(7장 참조)과 관련되어 여러분 몸의 각 원자는 양자적일지라도 몸 전체는 더 이상 양자적이지 않다. 여러분이 보손이든 페르미온이든 안심하시길. 배타 원리(◑◯)는 여러분의 사회생활에 영향을 주지 않을 것이니!

세계의 놀라운 다양성

배타 원리가 극적인 효과를 갖는 제한된 장소가 있다. 그것은 바로 원자다. 4장에서 이미 살펴보았듯 원자 안을 보면 분명 여러 개의 전자가 같은 핵(🌀) 주위에 공존한다. 이때 배타 원리는 엄격한 규칙을 요구하는데, 전자들은 그들의 파동함수 또는 ⇓이나 ⇑ 스핀을 통해 서로 구분되어야 한다는 것이다. 이 원리의 중요성을 더 잘 이해하기 위해, 만일 배타 원리가 존재하지 않는다면 어떤 일이 일어날지 잠깐 상상해보자.

세계에서 가장 짧은 공상과학 이야기

옛날 옛적에 페르미온이 서로 구분될 필요 없이 함께 지낼 수 있는 세상이 있었다. 그 세계의 원자 속 전자들은 모두 완전히 똑같았고 조화롭게 어울려 지냈다. 그곳의 원소 주기율표는 배우기가 훨씬 쉬워 학생들이 기뻐했다. 이곳의 원자들은 모두 비슷하게 움직였고 질량만 달랐다. 그것들은 모두 무엇보다 수소와 비슷했다. 그래서 이 세계의 모든 것은 수소를 닮아 기체이고 색깔도 없고 냄새도 없었다. 결국 이곳은 조금 심심한 세계가 되었다.

$$\boxed{H}\cdots\boxed{H} \ \ \langle\!\langle\boxed{H}\rangle\!\rangle\boxed{H}\text{-}\boxed{H} \ \ \boxed{H}\equiv\boxed{H} \ \ \boxed{H}\langle\!\langle\boxed{H}\rangle\!\rangle$$

여러분도 이해하겠지만 배타 원리 덕분에 원자 속 전자들의 파동함수가 다양해지고, 그 결과 원자도 다양해진다. 우리 우주가 풍요로운 것은 바로 그 때문이다. 또한 이 원리는 분자 대부분의 존재를 보장해준다. 가장 단순한 수소 분자를 예로 들어보자. 두 개의 수소 원자는 이렇게 서로를 붙잡고 있다($\boxed{H}$ - $\boxed{H}$). 그렇다면 어떤 힘이 이 둘을 이어줄까?

두 개의 수소가 서로 접근할 때 양전하를 띤 각각의 핵은 음전하를 띤 두 개의 전자를 끌어당기려고 하는데, 그것은 +가 −를 끌어당기기 때문이다. 각 전자는 그것의 핵을 둘러싼 큰 구름과 비슷하다. 전자의 경우 이때 이상적인 타협안이 나타나는데 그것은 옆 전자에 살짝 올라타는 것으로, 물리학자들만의 용어로는 '겹치게 하기'라고 한다.

따라서 두 개의 전자구름은 가장자리에서 서로 겹쳐 하나가 다른 하나 안에 살짝 포개진다. 배타 원리 때문에 이것들은 반대되는 스핀(⇅)을 채택해야 한다. 그때부터 이것들은 전기 에너지 측면에서 우호적 상황에 있게 된다. 이제 이 전자구름을 치우는 게 어려워지고, 바로 그 점 때문에 원자들이 함께 지탱되어 분자의 결합이 견고해진다.

이런 결합 방식을 '공유결합(🌀·🌀)'이라고 한다. 전기적 상호작용과 배타 원리가 교묘히 섞인 이 결합은 수많은 분자의 견고한 유대 방식이다. 예를 들면 물 분자(H·O·H) 속에 산소와 수소를 묶어두는 게 바로 이 결합이다. 이것은 심지어 존재하는 가장 강력한 결합 중 하나다. 그 증거가 가장 단단한 소재인 다이아몬드다. 그 견고함은 이것을 이루는 모든 탄소 원자를 서로 결속시키는 공유결합에서 비롯된다.

분류할 수 없는 입자

어떤 과학자에게 우주가 페르미온 또는 보손으로만 이뤄져 있다고 말하면 반드시 동의하지만은 않을 것이다. 특히 이 과학자가 동시대 가장 뛰어난 이론가 중 한 명인 프랭크 윌첵(Frank Wilczek)이라면 더욱 그럴 것이다. 1980년대 초 이 미국의 물리학자는 엉뚱한 아이디어를 연구하기 시작한다. 두 계열에서 벗어나 있는 새로운 입자가 존재할까?

그는 생각을 통해 완전히 평평한 2차원 공간에 있는 것에서부터 출발한다. 이때 그는 아주 이상한 새로운 종류의 입자가 그곳에 적어도 이론상으로 존재할 수 있다고 가정한다. 그는 이것을 애니온(anyon)이라 명명하는데, 이것은 anything goes(무슨 일이든 일어날 수 있다는 뜻)의 줄임말이다. 두 보손의 파동함수(∿∿)는 대칭적이어서 두 보손을 맞바꾸더라도 파동함수는 똑같다(∿∿). 반면 이것이 두 페르미온(⌒⌄)이라면 파동함수는 역전된다(⌄⌒). 윌첵은 두 애니온을 맞바꾸면 이 둘의 파동함수가 완전히 대칭적이지도 않고 반대칭도 아닌 중간적 방식으로 바뀔 수 있음을 보여준다.

이때 두 입자를 두 번 연속으로 맞바꾸는 것을 상상해보자. 두 보손의 경우 아무것도 바뀌지 않을 것이다(∿∿). 페르미온의 경우 ⌒⌄에서 ⌄⌒으로 바뀌었다가 다시 ⌒⌄으로 돌아올 것이다. 그런데 애니온의 경우 시작점으로 돌아오는 대신 다른 상황을 맞이할 수 있다. 이렇게 애니온은 특정한 방식으로 자신들이 겪을 교환을 기억할 수 있을 것이다. 그런데 이런 애니온이 정말 존재할까?

물리학계의 또 다른 유명 인사 머리 겔만(Murray Gell-Mann)은 어느 날 이상한 원리를 발표한다. 그것은 양자 세계에서 금지되지 않은 모든 일은 반드시 일어난다는 것이다. 따라서 애니온이 이론상으로는 가능하므로 이것이 어딘가에 반드시 존재할 것이고, 그것을 찾아내기만 하면 된다. 윌첵이 예측하고 몇 년 후 이 말은 입증되었다. 이것은 입자 가속기도 초현미경도 아닌 어떤 고체 속에서 발견되었다. 전자들이 2차원에서만 이동할 수 있는 특정 반도체에서 집단 움직임이 발견되었는데, 그 움직임의 모든 특성이 애니온을 연상시켰다.

그 후 애니온이 '스핀 액체(spin liquid)' 속에서 목격되었다고 하는데, 스핀 액체란 자성을 띤 소재로 그 안에 있는 전자의 스핀은 질서 있게 정돈되기를 거부한다(8장 참조). 심지어 초전도체에서도 이것이 발견되었다고 한다. 이 새로운 입자는 그저 실험실의 호기심에서 나온 게 아니다. 마이크로소프트사는 최근 저명한 물리학자 여러 명과 협력해 애니온에 기반한 양자 컴퓨터를 구상하고 있다. 이 컴퓨터를 통해 위상기하학 분야와 관련된 애니온의 수학적 특성 일부를 연구할 것이다. 이 분야를 통해 어떻게 애니온의 일부 특성이 어떤 변화도 견뎌내는지 이해할 수 있는데, 그 예가 한 줄(string) 위 꼬임 구조의 수다. 이렇게 애니온이 견고하므로 양자 컴퓨터(14장 참조)에 흔히 사용되는 부품보다 더 신뢰할 만한 것이 될 거라고 한다.

프랭크 윌첵의 기이한 아이디어가 어디까지 이어졌는지 살펴보았다. 윌첵은 그저 보손도 페르미온도 아닌 입자를 발견하고자 했을 뿐이다.

애초에 원자를 이해하려고 연구된 양자물리학은 입자물리학을 탄생시켰다. 이 학문은 소재의 세계와 IT 세계를 탐험했다. 마침내 입자물리학은 화학에 관한 새로운 관점을 제공했다. 흔히 물리학자들은 거만한 눈으로 동료 화학자들을 대한다. 아마도 이것은 두 학문의 역사적 기원에서 비롯되었을 것이다. 물리학은 갈릴레이, 뉴턴과 함께 탄생했고 이들은 세계에 대한 수학적이고 합리적인 관점을 제시했지만, 화학은 연금술사 덕분에 여러 의식으로 가득한 마법 세계에서 첫발을 떼었다. 양자물리학이 탄생한 이후 카드 패는 다시 섞였다. 화학과 물리학은 하나의 동일한 학문이 되었다. 물리학자들은 이 점을 유념해야 할 것이다.

CHAPTER 11

모두 함께, 모두 함께!
페르미온 기체와 보손 기체

영국 국립미술관(National Gallery) 34번 전시실의 주제는 더할 나위 없이 간결하다. 그레이트 브리튼(Great Britain) 1750~1850. 방문객 대부분이 이곳에 몰려들어 전시실 모퉁이에 나란히 배치된 영국 화가 윌리엄 터너(William Turner)의 작은 그림 세 점을 감탄하며 바라본다. 그중 중앙에 있는 그림은 1844년 작 〈비, 증기, 속도(Rain, Steam and Speed)〉다. 그림 속에 전속력으로 달리는 증기 기관차가 보이고 배경이 되는 하늘에는 기관차의 증기가 구름에 섞여 있다. 역사가들은 이 그림에서 아마도 19세기 영국의 의기양양한 산업혁명의 상징을 발견할 것이다. 그러나 물리학자들이 발견하는 것은 기체 이론의 구현이다. 이것은 심지어 그림을 구상할 때부터 작가가 생각해온 것이다.

그런데 관람은 거기서 멈추지 않는다. 이 34번 방은 작은 비밀을 감추고 있다. 터너 그림 반대편 벽에는 그보다 76년 전에 그려진 조지프 라이트(Joseph Wright)의 그림이 있다. 높이가 2미터에 가까운 이 그림은 덜 유명하고 앞에 멈춰 서는 관람객도 드물다. 이 그림을 보면 음산하고 희미한 빛 속에 10명의 사람이 작고 둥근 테이블 주위에 서로 붙어 앉아 있다.

중앙에는 나이 든 학자가 종 모양의 유리잔과 연결된 펌프를 작동하고 있고 유리잔 안에는 앵무새가 들어 있다. 새가 불안해 보이는 데엔 이유가 있다. 펌프가 새 주위의 공기를 빼내고 있어 새는 곧 죽을 것이다. 그림 중앙에 표현된 과학자 로버트 보일(Robert Boyle)은 이 엽기적인 실험과 마찬가지로 실제로 존재했다. 17세기 저명한 과학자였던 그는 기체에 관해 연이어 43개의 실험을 했다. 그는 특히 기체의 부피가 줄어들면 압력이 증가한다는 점을 발견했는데, 그의 이름을 따서 명명된 이 보일의 법칙은 고등학생들의 기쁨과 행복인 이상 기체의 법칙을 예고한다!

이 그림에 표현된 41번 실험에서 보일은 공기 결핍이 새에게 주는 효과를 시험하고자 했다. 그는 이렇게 기록했다. "새는 쇠약해지고 아파 보이기 시작했다. 그 후에는 격렬하면서 불규칙한 경련을 일으켰다. (…) 이때 우리는 공기가 침투되도록 했으나 너무 늦은 일이었다." 새의 죽음이 잔인하긴 했지만, 공기의 구성 성분 중에서도 눈에 보이지 않는 기체인 산소 없이는 우리가 살

수 없음이 명백히 드러났다.

런던의 미술관에서 서로 마주 보는 두 그림은 요컨대 매력적인 물질인 기체라는 같은 주제에 관해 과학적 관점과 우화적 관점을 보여준다.

집단을 설명하는 방법

뉴턴 이후 물리학자들은 물체들 또는 '한' 물체의 운동을 설명하는 법을 알고 있다. 사과의 경로 ●••••¨, 로켓의 경로 ......● 또는 행성의 경로 ●.....¨를 이해하면 모든 것이 상대적으로 간단하다. 방정식 하나와 계산 몇 번이면 게임이 끝난다. 그러나 상호작용하는 두 개나 세 개의 행성을 설명해야 하는 순간부터 상황이 복잡해진다. 그런데 헤아리지 못할 만큼 많은 입자가 사방으로 요동치는 혼합 기체를 상상해보라!

보일을 비롯한 여러 학자가 기체의 특성을 설명하는 법칙을 연구했으나 그 누구도 이론을 세우지는 못했다. 입자가 너무 많고 미지의 요소가 너무 많으며 특히 방정식이 너무 많았다.

양자물리학이 시작되기 전 19세기 말경에야 두 명의 뛰어난 물리학자 제임스 클러크 맥스웰과 루트비히 볼츠만(Ludwig Boltz-mann)이 이 엄청난 과제에 대한 해답을 발견했다. 그들의 대담함이란 포기하는 것이었다. 그들은 각 입자의 경로를 예측한다는 개념을 버리고 평균에 집중했다.

이것은 폭우가 예상되는 캠핑 상황과 비교될 수 있다. 당신은 다가올 폭우에 텐트가 견딜지 알고 싶을 것이다. 각각의 물방울이 텐트에 미칠 효과를 계산하는 것은 터무니없는 일이다. 대충 계산하더라도 속도의 '분포', 즉 얼마나 많은 물방울이 주어진 속도로 떨어질 것인가 계산하는 게 낫다. 무슨 목적으로? 비가 텐트에 가하는 평균 힘을 계산해 당신이 폭우에 잠길지 아닐지 알아내기 위해서다. 맥스웰과 볼츠만은 기체에서 그와 똑같은 일을 해냈는데, 분자들의 속도 분포는 온도에만 의존한다고 가정했다. 그들은 이렇게 모든 기체의 부피, 압력 그리고 온도의 관계를 결정하는 이상 기체 방정식을 입증했다.

그들의 발걸음은 혁명적이었다. 왜냐하면 통계를 이용해 수많은 개체를 포함하는 계를 다룰 것을 제안했기 때문이다. 그 후로 '통계물리학'은 이를테면 물질의 상태, 공항의 군중, 금융의 흐름 또는 물고기 떼처럼 서로 전혀 관계없어 보이는 많은 문제를 이해하기 위한 훌륭한 도구로 사용된다. 이것은 또한 현대물리학에서 가장 어렵고 가장 흥미로운 질문 중 하나에 대응할 뛰어난 무기이기도 하다. 그 질문은 다음과 같다. "여러 양자 입자가 어떻게 함께 움직일 수 있을까?"

여러 양자 입자가 어떻게 함께 움직일 수 있을까?

지금까지 우리는 하나 또는 두 입자의 움직임에만 관심을 가졌다. 1조 개의 원자나 전자가 모이면 무슨 일이 벌어질까? 이중성, 얽힘 또는 터널 효과가 즉시 멈출까, 아니면 반대로 강화될까?

이를테면 우리 주변의 공기 같은 기체에서부터 출발해보자. 이것은 양자 집단의 완벽한 예다. 어마어마한 수의 원자를 포함하고 있으며 원자들이 모두 양자적이기 때문이다. 실온에서 원자나 분자는 약 시속 1,000킬로미터(●≡)로 사방을 향해(≡●) 달린다. 이것들은 끊임없이 서로 충돌하는데, 나노초 단위로 충돌하므로 범퍼카 놀이(≡●X●≡)나 마찬가지다. 하지만 측정 결과들은 하나같이 어떤 양자 효과도 나타나지 않음을 보여준다. 원자 모형은 단단하고 변형되지 않는 구슬로 표현되는데, 이것은 회전하며 사방으로 부딪친다. 즉 이중성이나 어떤 파동함수를 내세울 필요가 전혀 없다.

액체를 살펴보자. 그 속에도 엄청난 수의

기체

액체

고체

원자가 함께 있지만, 이번에는 원자들이 서로 붙어 있고 역시나 계속해서 사방으로 움직인다. 여기서도 측정을 통해 양자적 특성은 전혀 나타나지 않는다.

　마지막으로, 고체를 살펴보자. 이번에는 원자들이 정해진 위치에 있으며 제자리에서 진동하는 데 그친다(((●)) ((●)) ((●)) ((●))). 그러나 양자적인 것은 전혀 없다.

　그런데 다행히 작용할 수 있는 마지막 매개변수인 온도가 있다.

너무 실망스러운 기체

원자의 움직임은 '드브로이 파장'이라는 특수한 물리량에 의존한다. 이 파장은 그 원자의 파동함수의 폭이다. 이 폭이 클수록 파동의 효과는 더 두드러진다. 파장을 알아내기 위해서는 입자의 무게와 주변 온도를 알아야 한다. 입자가 무거울수록 또는 온도가 높을수록 이 파장은 더 짧아지고, 그 결과 원자는 양자적이지 않게 된다.

　우리 주변의 공기 같은 기체는 값이 명확한데, 날씨가 너무 더우면 파장은 아주 짧고 심지어 아주 미미하다. 이 파장은 원자 크기의 1,000분의 1 수준으로 너무 작아서 원자의 움직임에 최소한의 영향도 미칠 수 없다. 그러므로 원자는 작은 구슬처럼 움직인다. 그래서 맥스웰과 볼츠만이 기체를 이해하는 데 양자물리학이 조금도 필요하지 않았던 것이다. 게다가 다행히 양자물리학은 몇십 년 뒤에야 개발되었다.

반면 기체가 냉각되면 파장은 길어지고,* 그 결과 충분히 낮은 온도에서 측정 가능한 양자 효과들이 나타나기 시작한다. 냉기가 양자물리학을 '드러낸다'. 바로 그때 기술적 어려움이 생긴다. 우리는 약 100년 전부터 물질을 -270도로 냉각시킬 줄 알았기 때문에 그것은 문제가 아니다. 그런데 가능한 한 낮은 온도에서 모든 기체는 (고체가 아니라면) 액체가 된다.** 이때 우리는 해결할 수 없는 딜레마에 봉착한다. 기체를 양자화시키기 위해 극한으로 냉각시키려 하면 이 기체는 액체 또는 고체가 된다.

사실 이런 비극적 선택을 피하는 요령이 있는데, 레이저로 기체를 비추면 된다. 레이저도 양자물리학의 발명품이다. 이 인공적인 빛은 놀라울 정도로 순수하며 독특한 색을 나타낸다. 레이저는 또 아주 곧다. 천체물리학자들은 이 점을 잘 알고 있어 지구와 태양의 거리를 측정할 때 레이저를 사용한다. 그들은 아폴로(Apollo) 계획의 우주 비행사들이 달에 설치한 반사경을 향해 레이저 펄스를 보낸다. 이 빛은 아주 곧고 강력해서 왕복할 수 있다. 이것의 이동 시간을 통해 몇 밀리미터 단위의 정확도로 지구와

---

* 파장은 온도에 반비례한다.
** 헬륨만이 예외인데, 이것은 절대 영도 근처에서도 액체다(5장 참조).

달 사이의 거리를 잴 수 있다.

루비 같은 특정 소재 안의 양자 준위를 조작하면 그런 엄청난 일이 가능하다. DVD 읽기, 광섬유를 통해 인터넷 신호 받기, 목재나 철 자르기, 그리고 눈의 정밀 수술 등 레이저 적용 분야는 다양하다. 물리학자들은 레이저를 측정 도구나 제어 도구로 사용한다.

1980년대에 어떤 이들은 원자의 움직임을 제한하는 데 이 빛을 사용할 수 있다는 걸 발견했다. 기체 속의 원자 주위에 몇 가지 레이저를 배치하면 원자를 포획해 움직이지 못하게 할 수 있다. 온도는 움직임(⦅⦅●⦆⦆)의 동의어이므로 결국 기체를 냉각시킨다는 뜻이다. 따라서 엄청나게 차가운 기체를 얻으려면 아주 적은 수의 원자를 골라 그것들을 서로 떼어놓은 다음 레이저를 이용해 움직임이 느려지도록 해야 한다.

유의할 것! 이렇게 얻은 기체로는 풍선을 부풀어 오르게 하지 못한다. 조그만 금속 용기에 갇힌 기체는 놀라울 정도로 불안정해 연구자들에게는 손해다. 실험에 쓰는 레이저 하나가 고장 나는 즉시 모든 원자가 바로 새어 나오기 때문이다. 하지만 정성과 기술 그리고 엄청난 인내심을 동원하면 절대 영도의 100만 분의 1 이하까지 기체를 냉각시킬 수 있다. 이제 형광을 이용해 원자들을 비추면서 각 원자가 변화하는 것을 보는 일만 남았다.

이제 우리는 드디어 양자 기체를 측정하고 그것을 고전적 기체와 비교할 준비가 되었다. 레이저를 조절해 원자들을 움직이지 못하게 한 뒤 관찰해보자. 결과는 아주 실망스럽다. 찬 기체와 뜨거운 기체가 서로 비슷하다. 원자들은 차가운 기체 속에서 훨씬 덜 움직인다. 그런데 중요한 차이점이 있다. 양자 기체의 두 원자가 충돌하면(●╳●) 그 직후 어떤 게 어떤 건지 알 수가 없다. 이 것이 바로 앞 장에서 말했던 구별 불가능성(≡●≡)이다.

이제 입자의 속도를 측정해보자. 뜨거운 기체 속에서는 맥스웰과 볼츠만이 예측한 분포(distribution)가 발견된다. 반대로 차가운 기체 속 입자들은 더 이상 전속력을 낼 수 없고 양자화가 요구된다. 만일 두 가지 기체가 구별되는 이유가 조금 바뀐 속도에만 관련이 있다면 배치된 온갖 실험 도구를 볼 때 실망스러울 수 있다.

사실 양자 기체의 심오하고 놀라운 성질을 찾아내려면 입자의 에너지를 살펴봐야 한다. 페르미온이냐 보손이냐에 따라 두 가지 경우가 나타난다. 이 단순한 차이가 완전히 반대되는 움직임을 낳는다.

페르미온 기체에서는 배타 원리가 군림한다. 두 입자는 같은 에너지 단계에 공존할 수 없다.* 따라서 이것들은 선택의 여지가

---

* 엄밀히 보면 두 페르미온은 기껏해야 같은 에너지를 가지며 상반된 스핀을 택할 수 있을 것이다. 하지만 이 점이 여기 언급된 결과의 기본적 토대를 바꾸지는 못한다.

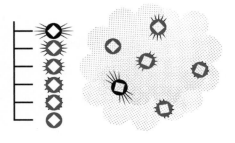

페르미온 기체의 각 입자는 하나의 에너지 단계만 점유한다.

없다. 각자 자신의 에너지 단계가 있다. 페르미온은 정점으로 치닫는 위계 속에 살고 있다. 이곳의 각 개체는 오로지 명확한 하나의 단계만 점유하고(◈) 그 위에는 상급자(◈)가, 그 위에는 또 다른 상급자(◈)가 있는 식으로 이어진다(◈◈◈).

절대 영도 근처의 극저온에서 각 입자는 가장 낮은 단계에서부터 시작해 어떤 단계에 위치한다. 진급은 불가능하다. 더 높은 온도에서 입자들은 조금 운동하고 에너지를 얻지만 불공정함은 지속된다. 다시 말해, 가장 높은 등급의 우두머리(◈)만 진급할 수 있고 더 위의 빈자리를 차지할 것이다. 초고온에서만 등급이 점점 자유로워지고 가장 낮은 등급자는 마침내 한두 단계 정도 오른다. 이 회사에서는 가장 낮은 직급에서 시작하는 게 위험하다.

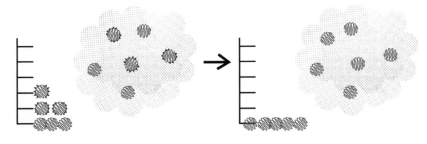

보손 기체에서는 여러 입자가 같은 에너지 단계를 차지할 수 있다.

보손 기체의 경우는 더 평등하다. 배타 원리가 이곳에는 적용되지 않는다. 이제 여러 원자가 같은 에너지를 가진 같은 상태에 공존할 수 있다. 절대 영도에서는 훨씬 더 좋다. 모든 입자가 에너지를 낮추려 하고 함께 가장 낮은 단계인 바닥 상태를 차지한다(⁓⁓⁓ ⁓⁓⁓ ⁓⁓⁓ ⁓⁓⁓). 계급은 더 많으나 모두가 평등하다! 기체가 조금 더 뜨거워지면 입자들은 계단을 올라가 특정한 통계 법칙을 따르는 등급별로 배분된다. 승급은 가장 높은 등급자만 가능한 것이 아니고 모두가 조화롭게 협력해 올라갈 수 있다.

요컨대 고전적 기체와 양자 기체를 구별하는 것은 온도를 높일 때 입자 에너지의 독특한 움직임이다. 하지만 난점이 있다.

양자적이면서 거시적인

아인슈타인은 특수 상대성 이론(1905)에 이어 일반 상대성 이론(1915)을 만드는 데 그치지 않고 보손 기체의 움직임을 해석한 최초의 인물이다. 1925년 그는 다른 에너지 수준에 있는 입자들의 분포를 정하면서 인도의 물리학자 사티엔드라나스 보스의 연구에서 도움을 받는다. 하지만 그는 사소한 기능 장애를 발견한다. 그는 가장 단순한 경우인 상호작용 없이 모두 똑같은 보손 입자들을 살펴보았다. 그리고 기체의 밀도, 즉 세제곱미터당 보손의 수를 계산했다. 그런데 바로 이때 그가 도출한 방정식이 어긋난다. 기체가 아주 정확한 온도 이하로 갑자기 냉각되자 밀도는 무한대가 되었다! 물리학자들의 악몽이었고 터무니없는 결과였다. 밀폐된 상자에 넣은 기체에 관한 실험을 하면 이것의 밀도는 늘 같아야 할 것이다. 밀도가 갑자기 높아질 아무런 이유가 없으며, 게다가 상자를 냉각시키면 무한대 값에 도달할 이유는 더 없어질 것이다.

하지만 아인슈타인은 낙담할 이유가 전혀 없었고, 오히려 반대였다. 수학적 착오는 분명 중요한 어떤 것의 방증이다. 밀도가 어떤 온도 이하에서는 정상에서 벗어나는 것처럼 보이는 이 임계 온도는 그에게 모두가 알고 있는 다른 현상인 응축을 떠오르게 했다.

대기압에서 100도 이하로 냉각된 물은 기체에서 액체가 된다. 엄청난 양의 H_2O 분자들은 정확히 이 온도에 모여들어 액체를 이루기 시작한다. 아인슈타인은 비슷한 방식으로 결과를 해석한다. 그는 이 양자 기체에서 응축만큼 갑작스러운 새로운 현상이 임계 온도에서 일어났고 이것이 그의 공식이 왜 오류였는지 설명해줄 것이라고 가정한다. 훗날 이것은 '보스-아인슈타인 응축'이라고 불린다.

주의하자. 보손 기체는 진짜 액체가 되지 않는다. 이것은 마치 수증기가 냄비 뚜껑에 응결되는 것과 비슷하다. 여기서 작동하는

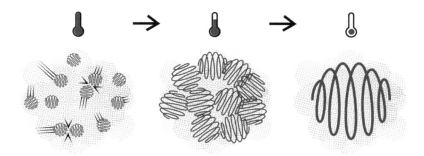

보스-아인슈타인 응축: 보손 기체를 냉각시키면 갑자기 거대한 양자 파동함수를 형성한다.

응축은 훨씬 미묘하고 인지되기 어렵다. 보손은 공간의 한 지점에 모이지 않고 오히려 가장 낮은 수준에서 같은 에너지 준위에 모인다. 이것이 다가 아니다.

이 새로운 장르의 양자 응축에서 입자들은 같은 에너지를 공유할 뿐 아니라 특히 같은 위상으로 일치된다. 위상이라는 물리량은 모든 파동에서 그것의 마루와 골이 어디에 있는지 찾을 수 있도록 해준다. 바다의 파도는 정확히 같은 모양일 수 있지만, 만일 파도의 위상이 다르면 파도는 서로 어긋나고 파도의 효과는 소멸한다. 반대로 파도의 위상이 모두 같으면 이것들은 서로 완벽하게 들어맞고 이것은 확실한 해일이 된다. 보스-아인슈타인 응축에서 모든 보손은 정확히 이 마지막 사례, 즉 '위상이 맞는' 상태에 있다. 이렇게 보손들의 모든 개별 파동함수는 단 하나의 거대한 파동함수가 된다.

1920년대에 언급된 순전히 이론적인 이 놀라운 추측은 결국 70년이 지난 뒤에 입증된다. 1995년 미국의 두 연구 팀은 레이저와 자기장을 이용해 보손 기체를 냉각시키는 데 성공한다. 절대영도의 100만 분의 20도에서 연구자들은 격렬한 전이를 확인한다. 원자 일부가 갑자기 느려져 같은 에너지를 차지하게 된 것이다.

이때 보손은 집단을 이루고 하나의 파동함수 안에 섞인다. 그때부터 이것들은 일종의 거대한 보손이며 완전하고 거대한 양자 파동처럼 움직인다. 왜냐하면 이 파동은 수백만 개의 원자가 동시에 만들어내기 때문이다. 물리학자들은 이것을 입증하면서 이 모든 원자가 일괄적으로 양자물리학 법칙을 따르는 것을 목격한다. 예를 들어 이 원자들은 원자 하나하나가 아니라 모두 함께 불확정성 원리를 따른다. 흔히 그랬듯, 아인슈타인이 제대로 본 것이다.

이야기는 거기서 멈추지 않는다. 비슷한 현상이 세계에서 가장 보기 드문 액체 중 하나인 액체 헬륨에서도 발견된다. 헬륨 원자는 보손이다. 이것을 절대 온도 4도로 냉각시키면 차갑고 무색인 액체가 되는데, 그 특성은 상대적으로 평범하다. 하지만 이것을 2도 정도 더 냉각시켜 정확히 섭씨 −270.97도에 이르게 하면 이 액체는 갑자기 잠잠해지는 것처럼 보인다. 더는 끓지 않고, 이상하게도 높이가 더 낮아지는 것처럼 보인다. 그 이유는 새고 있기 때문이다!

이 온도에서 헬륨 원자 대부분은 집단적 파동함수로 응축된다. 이때 이 액체는 어떠한 마찰도 나타내지 않으며 점성이 전혀 없다. 그래서 새는 것이다. 다시 말해, 이 액체는 용기의 나노미터 크기 구멍(nanopore)을 통과한다.* 바로 '초유체(superfluid)'가 된 것이다.

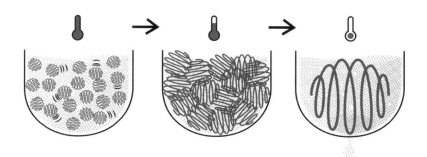

초유체: 액체 헬륨 속 원자들은 보손이다. 그것을 냉각시키면 응축되어 점성이 전혀 없는 액체인 초유체가 된다.

주목할 만한 또 다른 응축 사례가 있다. 이번에는 어떤 금속이다. 그 금속 안에서 응축되는 것은 원자가 아니라 전자 일부다. 예를 들어 알루미늄이 −271.9도에 이르면 갑자기 전류를 완벽히 흘려보내기 시작한다. 전기 저항이 갑자기 0으로 떨어진다. 자석을 가까이 대면 이것은 지면에서 뜨기 시작한다! 이것이 초전도성이고 또 다른 형태의 양자 응축이자 다음 장의 주제가 될 것이다.

---

* 사실 이것은 용기가 도자기이고 나노 구멍(nanopore)이 있을 때만 샌다. 만일 벽면이 유리나 철제라면 원자들은 헬륨이 빠져나갈 공간을 주지 않는다.

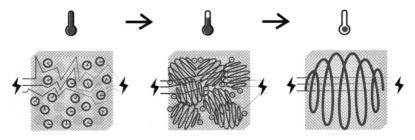

초전도성: 저온에서 어떤 금속의 전자는 둘씩 쌍을 지어 거대한 응축물을 이루는데, 이것은 전류를 완벽히 흘러보낸다.

양자물리학의 만능 스위스 칼

물리학계의 7대 불가사의를 고르라고 하면 나는 주저 없이 보스-아인슈타인 응축을 꼽을 것이다. 이것 덕분에 지금까지 알려진 것 중 가장 낮은 온도인 절대 영도의 20억 분의 1도 이하라는 기록이 달성되었다. 실험실에서 인위적으로 얻어진 이 온도는 자연 상태의 우주 그 어느 곳보다 10억 배 이상 차갑다!

그런데 이 응축은 놀라우면서 완전히 뜻밖인 양자물리학의 구현이다. 이 학문 연구가 시작된 이래로 우리가 학생들에게 가르치는 바는 이 학문이 개별 입자 또는 기껏해야 분자 같은 나노미터 규모에서만 손에 잡힐 만한 효과를 가진다는 것이다. 그런데 이제 수십억 개의 원자 덩어리가 불확정성 원리, 간섭, 중첩 상태, 얽힘 등 모든 양자물리학의 기이함을 한꺼번에 보여주고 있다.

응축은 광선을 느리게 하거나 심지어 광선을 포획할 수 있다.

그러므로 응축은 이 거대한 크기를 반영해 '거시적'이라는 형용사로 수식된다.

또한 이 양자 구름은 실험실에서 발견된 순간부터 거시적 차원의 양자물리학을 시험하고 심지어 조작하기 위해 사용된다. 물리학자 레네 하우(Lene Hau)가 이끄는 MIT 연구 팀은 이 양자 구름을 이용해 빛의 경로에 영향을 미치려고 시도했다. 1999년 그녀는 광선을 겨우 시속 60킬로미터로, 그러니까 진공에서 빛의 속도보다 약 2,000만 배 느리게 만드는 데 성공했다. 방법은, 먼저 나트륨 원자 약 100억 개의 응축물을 둥근 창이 달린 진공 상태의 철제 용기 안에 가둔다. 이 창 중 하나를 통해 레이저를 양자 구름 위로 보내는데, 이것은 진공에서 빛의 속도인 초속 30만 킬로미터로 나아간다. 또 다른 창을 통해 두 번째 레이저가 목표를 향해 발사되는데 첫 번째 레이저와 수직이 되도록 보낸다. 이것은 응축물의 광학 지수를 바꾸도록 조절된다. 중앙에 있는 응축물의 광학 지수를 바꾸면서 동시에 빛이 통과하는 속도를 바꾼다.

광학과 양자물리학 경계에 있는 이러한 요령을 이용해 레네 하우는 첫 번째 레이저의 속도를 겨우 초속 18미터, 즉 시속 65킬로미터로 늦추는 데 성공한다. 다시 말해, 빛이 자동차만큼 느려진 것이다! 8년 뒤 같은 팀은 또 다른 실험에서 첫 번째 응축물에 빛을 가두고 그 빛을 다시금 몇 밀리초 후 두 번째 응축물을 향해 휙 내보내는 데 성공한다. 처음으로 빛이 축구공 같은 방식으로 다뤄졌다.

2018년 그레천 캠벨(Gretchen Campbell) 연구 팀은 특수한 형태의 응축물을 만들기로 한다. 그것은 지름이 약 20마이크로미터 되는 작은 구슬 모양으로, 일종의 마이크로도넛(microdonut)이다. 연구자들은 그때까지 이 도넛을 제자리에 유지시키던 레이저 트랩의 힘을 줄인다. 고리 모양은 즉시 부풀어 오르기 시작한다. 눈썹을 깜빡이는 데 걸리는 시간의 5분의 1인 20밀리초가 안 되는 시간 동안 그것은 4배 커진다. 연구자들은 이 팽창을 측정하면서 우주의 팽창과 비슷한 움직임을 발견한다! 진화의 법칙은 같을 것이다. 응축물은 말하자면 우주의 축소 모형이다. 천체물리학자들이 이미 오래전부터 밝혀낸 바에 따르면 천체들의 파장은 적색

쪽으로 치우쳐 있다. 이것은 우주가 팽창 중임을 알려준다. 부풀어 오르는 응축물의 밀도를 관찰할 때 캠벨은 정확히 같은 편이를 발견한다. 양자 구름 속에 나타난 동요는 천체 간의 진화 과정을 연상케 한다. 이것은 우주가 거대한 파동함수라는 뜻이 아니라, 응축이 어떤 천체물리학 문제들의 시뮬레이터로 쓰일 수 있음을 뜻한다.

아마도 응축이 가장 활발히 적용되는 분야는 물질의 시뮬레이션일 것이다. 우리의 컴퓨터는 고체의 움직임을 정확히 시뮬레이션할 수 없다. 하지만 응축을 통해서는 가능할 것이다. 아이디어는 아주 훌륭하다. 그것을 설명하기 위해 지금 고체물리학에서 가장 어려운 문제 하나를 고르자. 어떤 금속 안에서는 전자들이 서로를 피하려고 한다. 그런 금속 안에서 전자들은 어떻게 이동할까?

응축을 통해 우주의 팽창을 시뮬레이션할 수 있다.

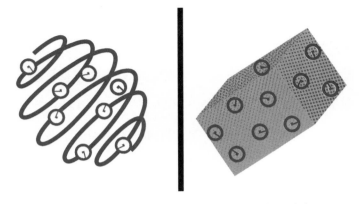

응축을 이용해 고체 안의 전자를 시뮬레이션할 수 있다.

그런 금속 안에서 가장 난해한 현상인 고온 초전도성, 강유전성(ferroelectricity) 또는 특정 형태의 자성(磁性)이 나타나기 때문에 이와 같은 특수한 경우는 유달리 물리학자들의 관심을 끈다. 지금으로서는 어떤 슈퍼컴퓨터도 그런 금속 안에서 전자들이 실제로 어떻게 이동하는지 설명해줄 수 없다. 해결책은 응축물을 만들고 레이저로 정확한 위치를 조사하고 거기서 금속 안 전자들의 움직임을 시뮬레이션하는 것인데, 마치 제페토 할아버지가 피노키오를 조각하는 것이라 할 수 있다.

실제로 적절한 레이저를 이용하면 양자 기체를 인공 결정체로 변화시킬 수 있는데, 이것은 그 순도와 형태를 맞춰서 조절한 가상의 고체다. 이때 응축을 통해 전자의 경로를 훌륭하게 시뮬레이션할 수 있다. 왜냐하면 응축물 또한 양자물리학 법칙의 지배를 받기 때문이다. 응축물이 어떻게 움직일지 관찰함으로써 결국 전자들이 어떻게 초전도체가 되는지 밝혀낼 수 있다. 이때 응축물은 일종의 양자 슈퍼컴퓨터 역할을 할 것이다.

실제로는 모든 것이 그리 간단치 않다. 이 실험들은 엄청난 도전과제를 준다. 그런데 최근 기존의 컴퓨터를 이용한 최상의 계산을 능가하는 실험 결과들이 발표되기 시작했다. 이제 보스-아인슈타인 응축은 양자물리학의 새로운 만능 스위스 칼이 되려고 한다!

CHAPTER 12

특별 세션 '물리학의 우드스톡'
초전도성

미국 맨해튼 남쪽의 힐튼 호텔은 관광객 수천 명을 동시에 수용할 수 있는 거대 호텔 체인에 속한다. 그런데 1987년 3월 18일 약 4,000명의 물리학자가 평상시와 다른 열띤 분위기 속에 그곳을 접수한다. 호텔 대연회장에서 미국 물리학회(American Physical Society) 연례 회의가 열린 것이다. 오후 7시 30분이 되자 고체물리학자 닐 애슈크로프트(Neil Ashcroft)가 마이크를 잡는다. 그는 흥분한 동시에 즐거워 보인다.

"환영합니다. 우리가 오늘 여기에 모인 건 지난 몇십 년간 가장 흥미진진한 발전 중 하나 때문입니다. 그리고 이것은 시작에 불과합니다."

이 회의는 모든 면에서 특별하다. 우선 여느 때와 달리 늦은 시간이고, 2,000명의 물리학자는 연회장에, 나머지 2,000명은 회의 중계 화면이 있는 넓은 홀에 자리 잡고 있다. 애슈크로프트가 게임의 규칙을 설명한다.

"발언자들이 각자의 연구 결과를 발표하는 데 5분이 주어질 것입니다. 발언 시간을 준수해주시기 바랍니다. 그리고 의장이 발언을 마치라고 하면 반드시 마쳐주십시오! 반갑지 않은 소식입니다만, 이곳 사용 시간은 내일 아침 6시까지입니다. 첫 발표자는 뮐러 박사입니다. 이분이 없었다면 우리는 오늘 저녁 여기에 모이지 않았을 겁니다."

알렉스 뮐러(Alex Müller)가 일어나 연단에 오른다. 백발의 60대 학자는 줄무늬가 있는 검은 넥타이를 매고, 각지고 두꺼운 안경에 턱수염은 희끗희끗하고 강한 독일식 억양이 묻어나는 영어를 구사한다.

"좋습니다. 계획에 따르면 제 발표는 끝난 것 같네요!"

웃음이 퍼진다. 그는 투명 필름을 꺼내 오버헤드 프로젝터 위에 하나씩 놓는다. 그리고 나무로 된 작은 자를 지시봉으로 쓴다. 다른 시대엔 다른 도구다! 그는 12분 동안 자신이 1년 전 동료 게오르크 베드노르츠(Georg Bednorz)와 고온 초전도체를 어떻게 발견했는지 이야기한다.

발언이 끝나자 장내에서 터질 듯한 박수갈채가 나온다. 이렇게 51차례 발표가 이어지는데, 거기서 발언자들은 자신의 최신 연구 결과, 심지어 때로는 며칠 전에 얻은 결과를 발표한다. 토론은 아주 흥미롭다. 장내에 들어오지 못한 사람들은 작은 카드 위에 질문을 적어 문 밑으로 밀어 넣는다. 이 특별 세션은 새벽 3시 15분에 끝나는데, 참가자들은 녹초가 되지만 역사적 순간에 있었음을 확신한다. 이날 밤은 이들의 기억 속에 '물리학의 우드스톡(Woodstock of Physics)'*으로 남을 것이다!

30년 후 고온 초전도체는 여전히 우리를 매료시킨다. 이것은 매년 현대물리학의 가장 큰 수수께끼 목록에 등장한다. 이것은 가장 순수하고 기본적이지만 가장 불가사의한 양자물리학 현상이다.

금속 이야기

내 오른손에는 작은 구리 반지가, 왼손에는 알루미늄 반지가 있다. 두 금속은 거의 같은 수의 전자를 포함한다. 둘 다 같은 양자물리학 법칙, 페르미온, 배타 원리, 에너지 준위 등의 지배를 받는다. 그런데 이들의 특성을 살펴보면 근본적 차이가 있다. 알루미늄은 초전도체이고 구리는 아니다. 어떻게 이런 일이 가능할까?

---

* 논의의 열기로 인해 「뉴욕 타임스」가 이 회의에 붙인 별칭. 우드스톡은 1969년 뉴욕주 북부의 베델 평원에서 열린 우드스톡 록 페스티벌을 말한다-옮긴이.

두 금속이 이토록 가까운데 말이다. 알루미늄의 색이 은빛이어 서? 그것이 구리보다 안 좋은 도체여서? 그것의 밀도가 더 낮아 서? 그것의 전자가 조금 다른 에너지 준위를 나타내서?

이제, 그만! 난 이제껏 모두가 초전도체가 무엇인지 이미 알고 있다고 가정하고 있었다. 나는 내 실험실에서 이 금속들과 20년 을 함께하고 있다. 나는 그것을 연구하고 가르치고 여러 모양으 로 대중에게 알렸다. 그 옆에서 내 모든 연구 인생을 보냈다. 마침 내 그 금속들을 떠올릴 순간이 왔고, 나는 그것의 정교함과 최근 의 발견 속으로 뛰어들 준비가 되어 있다. 그런데 그 금속들에 대 한 소개를 깜빡한 것 같다.

이제 다시 마음을 가다듬고 설명해보자. 그러기 위해 이 두 개 의 반지를 각각 건전지에 연결해 전류가 흐르도록 해본다. 두 금 속은 약한 전기 저항을 나타내는데, 이것은 그들의 전자가 아주 자유롭게 이동한다는 뜻이다. 저항은 이 전자들이 겪는 충격과 전자들을 저지하는 충격의 수다. 거기까지는 이상할 게 없다.

이제 그것들을 저온 유지 장치에 넣어보자. 그 안에는 평상시 온도보다 절대 온도로 100분의 1만큼 차가운 −269도에 가까운 액체 헬륨이 채워져 있다. 다시 측정해보자. 구리의 저항은 낮아 졌고 전류는 더 잘 흐른다. 그런데 전자들은 충돌을 겪으면 언제 나 속도가 느려진다. 반대로 알루미늄에서는 갑작스러운 변화가 나타난다. 저항이 아주 적은 게 아니라 없어진다. 완전히 0이 된

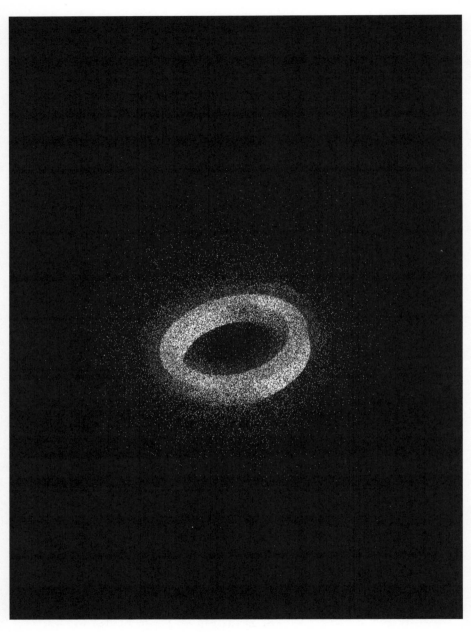

초전도체로 된 고리에서는 전류가 끝없이 흐를 수 있다.

다! 전자는 이제 그 무엇에 의해서도 제지받지 않는 듯하다. 전자들은 완벽히 전류를 흘려보낸다. 알루미늄은 초전도체가 되었다.

그런데 저항이 완전히 0이라고 하거나 저항이 너무 약해서 측정될 수 없다고 할 수 있을까? 이 점을 알아보기 위해 건전지를 제거해보자. 초전도체가 아닌 구리에서는 전류가 즉시 멈춘다. 전자들은 끊임없는 충격 때문에 계속해서 움직일 수 없다. 하지만 초전도체 고리에서는 전류가 계속해서 완벽히 흐른다. 한 시간 후에도 전자는 지친 기색을 전혀 보이지 않는다. 다음 날이 되어도 전류는 여전히 그대로다.

내 초년 시절을 돌이켜보면, 우리는 실험실에서 커다란 초전도선 코일을 이용해 자기장을 만들었다. 이 도구는 1991년 상용화되었다. 당시 내 동료들은 거기에 강한 전류를 주입한 다음 우리가 방금 고리에서 건전지를 제거한 것처럼 전원 공급을 끊었다. 초전도체의 전류는 코일 안에 보존되었다. 25년 후 전류는 몇 백만 분의 1 수준까지 정확히 같다. 심지어 이 장치에 전원을 다시 공급한 적이 전혀 없는데도 그렇다! 그러므로 완전도체 그리고 영구 전류에 대해 당당히 말할 수 있는 것이다.

너무 흥분하지 말자. 그렇다고 해서 이것이 무한하고 비용이 안 드는 에너지원은 아니다. 에너지 보존 법칙을 위반하는 것도 아니다. 전류는 유지되지만 열역학 법칙에 따라 공짜 에너지를 생산하지는 않는다. 그럼에도 불구하고 이 도구를 통해 영원히 에너지를 보존할 수 있다. 코일을 액체 헬륨 속에 조금이라도 유지시킬 수 있다면 말이다.

여러분도 양자 부상(浮上)을 할 수 있다!

초전도체의 역시나 놀라운 두 번째 특성은 바로 '완전 반자성 (diamagnetism)'이다. 대부분의 단열재, 플라스틱, 식물 또는 심지어 우리의 몸도 반자성체다. 이것은 자기장을 밀어낸다는 뜻이다. 그 효과는 겨우 측정할 수 있을 정도다. 이를테면 우리의 몸은 지구 자기장을 밀어내는데, 그 값의 10만 분의 1 정도만 우리 몸에 영향을 준다. 초전도체에서도 똑같은 반자성이 나타나는데 그 수치는 100만 배 높으며 그보다 나을 수 없다는 의미에서 완벽하다. 초전도체가 장 안에 놓이면 그것이 장에 있는 것을 완전히 밀어내, 장 안에는 자성을 띠는 것이 전혀 존재하지 않는다. 초전도체로 된 작은 뚜껑이 있는 나침반 옆에 있으면 이것은 남과 북을 구별해서 가리킬 수 없을 것이고, 그곳의 지구 자기장은 완전히 소멸할 것이다.

초전도체는 자성에 있어 패러데이 새장(Faraday cage) 같은 것이다. 지구 자기장 대신 아주 강력한 자석에 가까이 가도 초전도체는 똑같이 그것을 밀어낸다. 그 결과 자석의 힘 그리고 초전도체의 반자성이 동시에 연결된 엄청난 자기력이 생긴다.[*] 이 힘은 자석을 밀어내고 심지어 그것을 위로 뜨게 할 수 있다.

이렇게 초전도체를 이용한 부상은 안정적이기 때문에 나름대로 탁월하다. 『재미있는 물리학 실험(Physique Amusante)』 책에 나온 것처럼, 어렸을 때 탁구공을 띄워보려 한 적이 있지 않은가? 해보지 않았다면 세상 쉬우니 해보자. 공 밑에 헤어드라이어를 수직으로 들고 바람이 나오게 한다. 드라이어를 너무 기울이면 공이 바로 떨어질 수 있다는 점에 유의하자. 이제 자석 두 개를 이용해 (헤어드라이어 없이!) 실험해보자. 첫 번째 자석을 두 번째 자석 위에 놓되 N극끼리 만나게 한다. 여기서도 아주 짧은 순간 공이 뜬 것을 목격하겠지만 그 후 곧 자석 하나가 갑자기 몸을 돌려 다른 자석에 붙을 것이다.

그런데 초전도체 위에 자석을 놓고 똑같은 실험을 하면 어떨까? 이번에는 자석이 뜰 뿐 아니라 앞 사례와 반대로 아주 안정적이기까지 할 것이다. 때로는 초전도체를 끌어당기거나 뒤집을 수도 있지만 그래도 소용없다. 자석이 보이지 않는 닻에 걸린 것처럼 원격으로 잡혀 있는 상태가 유지될 것이기 때문이다. 이렇게 걸려 있는 듯한 상태는 '소용돌이'와 관련이 있는데, 이것은 보이지 않는 작은 원기둥 같은 것으로 초전도체 내에서 생성된다.

---

[*] 이 힘은 자석이 만들어낸 자기장의 변화에 비례하고 반자성으로 인한 초전도체의 자력에도 비례한다.

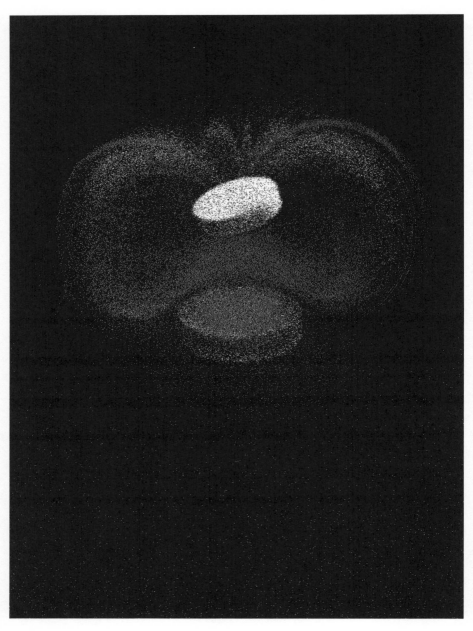

초전도체(아래)는 자석(위)을 띄울 수 있는데, 이때 자석의 자기장을 밀어낸다.

이런 부양 현상이 대중 강연자에게는 행운이다. 우리 팀에서도 초전도체를 이용한 작은 기차와 훌라후프를 고안했다. 이것은 아이나 어른 모두가 좋아한다. 우리는 독특한 미니 에펠 탑도 만들었는데, 이것의 각 층은 바로 아래층 위에 떠 있다. 2011년 초전도체의 해에 진짜 에펠 탑 앞에서 이 미니 탑이 소개되자 사람들이 구름 떼처럼 몰려들었을 정도로 그 효과는 놀라웠다! 국립 파리 7대학과 파리 고등산업물리화학학교(ESPCI)의 동료들은 심지어 초전도체 서핑 보드를 만들기도 했다. 이것은 영화 〈백 투 더 퓨처(Back To The Future)〉식으로 완벽한 양자 부상을 이용해 자기 레일 위에서 10미터를 달리는 보드다.

수많은 소재가 초전도체다. 이를테면 주기율표상 원소 중 절반 이상, 그리고 많은 합금이 초전도체다. 그래서 여러분이 이 소재들을 보면 다음 두 가지 특성을 알아볼 수 있을 것이다. 하나는 이상적으로 전류를 전도시키는 것이고, 또 하나는 자기장을 완전히 밀어내는 것이다. 이 놀라운 현상들은 각각 1911년과 1933년에 확인되었다. 하지만 그 비밀을 간파하는 데 거의 50년이 걸렸다. 20세기 물리학계의 거장 아인슈타인, 레프 란다우(Lev Landau), 파인먼도 자신들의 운을 시험하며 이 과제에 도전했다. 그리고 마침내 세 명의 미국 학자 존 바딘(John Bardeen), 리언 쿠퍼(Leon Cooper), 존 로버트 슈리퍼(John Robert Schrieffer)가 1957년에 그 비밀을 찾아냈다.

설명은 거의 확실했으나…

때로 물리학의 가장 큰 진전은 뜻밖의 접근으로부터 나온다. 통찰력 있는 연구자들은 겉보기에 별개인 현상들 속에서 공통 구조를 찾아낸다. 그들은 이 그럴듯하지 않은 조합에 근거해 새로운 통일적 이론을 쌓아 올리는 데 열중한다. 뉴턴은 물체의 추락과 행성의 운동이 같은 방정식으로 설명된다는 것을 알았을 때 고전역학을 만들어냈다. 오늘날에는 이것이 확실하지만, 그가 이 믿을 수 없는 상상을 증명해야 했던 당시를 떠올려보라. 우주에서 행성들이 도는 이유가 우리가 지구 위에 서 있는 이유와 정확히 같다는 상상을! 거의 200년이 지난 뒤 맥스웰 차례가 되자 전기와 자기가 같지 않음을 알게 되어 전자기학이 탄생했다.

초전도성을 진정으로 이해하는 첫발을 뗀 것도 유사한 접근법 덕분일 것이다. 첫발을 내디딘 사람은 독일 태생의 이론가 프리츠 런던(Fritz London)이다. 천재적 영감을 얻은 그는 하나의 현상이 세 가지 다른 실험인 초전도성, 초유동성, 보스-아인슈타인 응축을 지배한다는 것을 발견한다.

왼쪽에는 초전도체가 보인다. 중앙에 보이는 초유동 상태의 헬륨은 초저온에서 점성이 갑자기 0으로 떨어지는 액체다. 오른쪽은 보스-아인슈타인 응축물로, 이 보손 기체는 저온에서 거대한 단일 분자처럼 움직인다(11장 참조).

금속의 초전도성, 액체 헬륨의 초유동성, 기체의 보스-아인슈타인 응축은 유사한 현상이다.

액체나 기체에 비해 고체는 어떤 점이 다른가? 여기서 런던은 완벽한 형태를 보이는 집합적 상태로의 갑작스러운 전이가 초저온에서 매번 똑같이 나타남을 발견한다. 그는 세 가지 경우 모두 거대한 양자 파동함수가 나타날 것이라는 대담한 가설을 내놓는다. 보손 기체에 대해서는 이미 아인슈타인이 밝히고 설명했다. 보손은 배타 원리의 영향을 받지 않는다. 저온에서 보손의 파동함수는 일치해 하나의 거대한 파도를 형성할 수 있다.

그런데 런던은 거기서 더 나아간다. 헬륨 원자 역시 보손이므로* 액체 헬륨은 비록 세부적 메커니즘이 다르더라도 기체와 같은 움직임을 보인다고 설명한다. 초전도체의 경우 상황이 훨씬 까다롭다. 그 원자들은 고체이기 때문에 기체에서처럼 뚜렷이 움

---

* 여기서 말하는 헬륨은 이 액체 헬륨의 가장 풍부한 자연 형태인 헬륨 4이다.

직이지 않는다. 하지만 금속이므로 전자 일부는 그 안에서 앞다투어 움직인다. 그래서 런던은 이번에 이 거대한 파동을 만드는 것은 자유 전자들일 거라고 가정한다.

모든 초전도체 전자를 설명하는 유일한 양자 파동함수라는 이 독특한 가설을 이용해 그는 단순하고 우아한 모형을 세운다. 특히 이 파동함수를 슈뢰딩거 방정식에 넣고 계산하면 될 거라고 생각한다. 빙고! 결과는 실험과 완벽히 일치한다. 거시적 양자 파동은 일관되게 그리고 조화롭게 한 덩이로 전진한다. 초전도체로의 전이가 이루어지는 순간, 이것은 더 이상 충돌에 민감하지 않으며, 이것은 물질에 흠이 있거나 원자가 진동한다는 뜻이다. 이렇게 저항이 0인 이유가 설명된다. 그리고 초전도체에 자석을 가까이 대면 파동 자체가 소용돌이치기 시작한다. 이 전자들의 소용돌이가 원 모양의 전류를 발생시키고, 이것은 전기 코일에서처럼 자기장을 생성한다. 그런데 이 자기장은 자석을 밀어내게 한다. 이것이 바로 완전 반자성이다.

그럼에도 큰 문제가 남는다. 거대한 응축물을 얻기 위해서는 보손이 필요하다는 점이다. 그런데 전자는 페르미온이다. 전자는 배타 원리의 영향을 받고 단일한 파동함수 안에서 공존할 수 없을 것이다. 하지만 런던의 아이디어가 틀렸다고 하기에는 실험과 너무 잘 들어맞아 보인다.

초전도 금속의 황금기

이 분야 물리학자들은 이 역설을 해결하기 위해 어떻게 하면 페르미온으로 거대한 단일 파동함수를 만드는지 20년간이나 연구에 매달렸다. 1956년 일리노이 대학교 박사후과정생이던 리언 쿠퍼가 그 해법을 찾았다. 보손과 페르미온을 구분 짓는 것은 스핀인데, 이것이 정수이면 보손, 반정수이면 페르미온이다. 전자는 페르미온인데 이것의 스핀이 1/2이기 때문이다. 그런데 전자 둘이 쌍을 이루면 이 쌍의 스핀은 정수가 되고 보손처럼 움직일 것이다! 어떻게 이것이 가능한지 알아보자.

쿠퍼는 완벽한 시나리오를 제공한다. 그는 두 전자가 서로 끌어당겨 저온에서 쌍을 이루는데 영리하게도 주위에 있는 원자들의 진동을 이용한다고 상상한다. 그런데 그 뒤에도 어떻게 모든 전자쌍이 모여드는 것일까? 이 과제는 거대하다. 쿠퍼의 대학 동료 존 바딘과 그의 제자 존 로버트 슈리퍼가 그를 도와 몇 달 만에 일을 끝낸다. 그들은 거대 파동의 형태를 계산할 뿐 아니라 새로운 예측을 발표하고 그것을 곧 실험실에서 입증한다. 세 사람의 이니셜을 딴 'BCS 이론'이 드디어 탄생한 것이다.

쌍을 이루는 전자들의 성질, 모형의 결과, 파동함수의 위상, 차이, 동위원소 효과, 선속(flux)의 양자화에 관해 말할 것이 많으리라. 그러나 핵심을 잊지 말자. 초전도체에서 수십억 개의 전자가

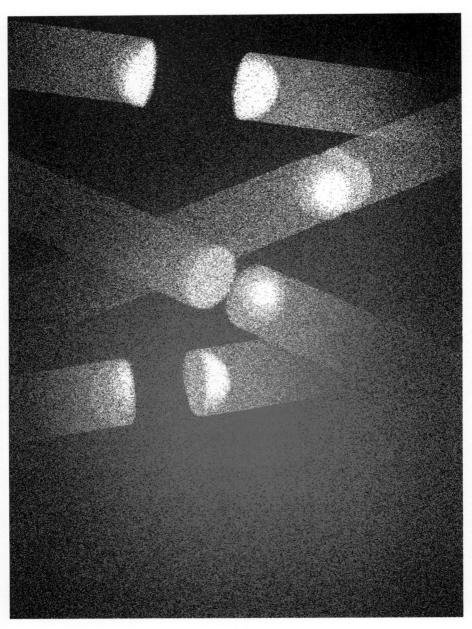

전자들은 쌍을 이루어 초전도 응축물을 형성한다.

기이하게 쌍을 이루어 결국 완벽한 집단 상태를 이루는데, 그 특성은 단일한 거시적 파동함수를 통해 설명된다.

대양에서 물고기 떼를 만난 적 있는가? 무수히 많은 작은 물고기가 갑자기 조화를 이루어 단일한 생명체처럼 움직이는 것을 말이다. 과학자들은 최근 이 집단이 지휘자 없이 만들어진다는 것을 보여주었다. 각 물고기가 바로 옆 물고기와 보조를 맞춰 나머지 물고기들이 있는 곳으로 가서 우리에게 보이는 형태로 나타난다.

초전도체에서도 상황은 같다. 거기서 거대한 파동이 수면에 드러날 때 그것은 개별 전자들이 모인 결과이며, 이 전자들은 진정한 양자적 버전의 작은 물고기다! 이 초전도체의 파도는 더 이상 세세한 구성 요소에 의존하지 않는다. 홍해의 청어 떼는 인도양의 정어리 떼와 혼동할 만큼이나 비슷하지 않은가? 초전도체의 경우도 같다. 수은, 알루미늄, 주석 같은 금속은 서로 아무런 관계가 없다. 원자의 수, 전자의 수, 밀도, 색깔이 다 다르다. 하지만 이것들의 초전도체는 모든 면에서 비슷하다. 이것을 물리학자 필립 앤더슨(Philip Anderson)은 재치 있는 문구로 이렇게 정리한다. "전체는 부분의 합 이상이다(More is different)." 집합은 구성 요소의 단순한 합보다 훨씬 풍부할 뿐 아니라 심지어 그것을 초월한다.

그리하여 1960년대 말 마침내 초전도성이 설명된다. BCS 이론은 자신의 한계도 예상한다. 전자들이 서로를 끌어당기기 위해서는 그것을 둘러싼 원자들이 너무 진동해도 안 되고 너무 뜨거워도 안 된다. 이것은 소재 전문가들이 확인한 바 있다. 실험실에서 공들여 준비한 가장 뜨거운 초전도체는 니오븀 기반의 합금이며 −250도에 가깝다. 따라서 적용은 제한될 수밖에 없다. 값비싼 저온 유지 장치 일체가 필요하기 때문이다. 초전도체는 황금기를 이미 지난 걸까?

새로운 초전도체 열풍

1986년 이전 기록보다 거의 10배 높은 온도에서 초전도체를 발견했다는 소식을 들었을 때 물리학자들은 어안이 벙벙했다. 베드노르츠와 뮐러가 고안한 세라믹은 최상의 경우 −120도에서까지 초전도체가 된다. 바로 이것이 물리학의 '우드스톡'이 열린 이유다. 이 '고온 초전도체'는 응용 면에서 장래성이 있는 동시에 근본적 관점에서 불가사의해 열풍을 일으킨다. 양자물리학자, 고체화학자, 공학자, 소재 전문가 등 수천 명이 여러 각도에서 이것을 연구한다. 수만 개의 연구 논문이 나온다. 하지만 30년 후에도 이 세라믹 안 초전도성의 원인은 여전히 미스터리다. 이 산화물에 관해 알게 된 모든 것을 설명하기보다 그 반대로 해보자. 그들의 초전도체 기록이 왜 여전히 이해되지 않는지 설명해보자.

이 새로운 초전도체를 예전 것과 비교하면 전자들이 늘 둘씩 쌍을 이루고 여기서도 거대한 파동을 만든다는 것을 알게 된다. 이 파동은 훨씬 고성능이다. 이것을 이루는 전자들은 여전히 완벽하게 전류를 흘려보내지만 10배 높은 온도에서도 그렇다. 이 파동은 10배에서 100배 더 강한 자기장을 견딘다. 하지만 혼합물이 더 높은 온도에서 초전도체가 되기를 멈추는 순간 그것은 형편없는 구리선보다 전도율이 거의 1,000배 낮은 가장 고약한 금속이 된다.

잠시 소재에 관해 살펴보자. 소재의 원자들은 연속적인 층을 이루고 이 층들은 완벽한 밀푀유처럼 무한히 반복된다. 초전도성은 구리와 산소를 포함하는 층에만 집중된다. 이 층은 체스판 무늬를 본떠 사각형의 바둑판 모양으로 가능한 한 가장 단순한 방식으로 조직된다. 이 얇은 층의 각진 모서리에서, 그러니까 2차원에서 전자들이 이동한다. 이 길에는 함정이 가득하다. 우선 양자화학적 이유로 전자들은 마치 맨해튼 거리의 택시들처럼 사각형의 모서리들을 따라갈 수밖에 없다. 또 두 전자는 전하 때문에 서로를 밀어내 피해야 한다.

우리가 여기서 본 금속은 전자의 이동이 너무 어려운 만큼 전자가 거의 마비 상태에 있는 금속이다. 하지만 여기에 역설이 있다. 최상의 초전도체를 탄생시키는 것이 바로 이 전자들이다. 연구자들은 이 미스터리를 푸는 데 실험 면에서나 모형 면에서 주

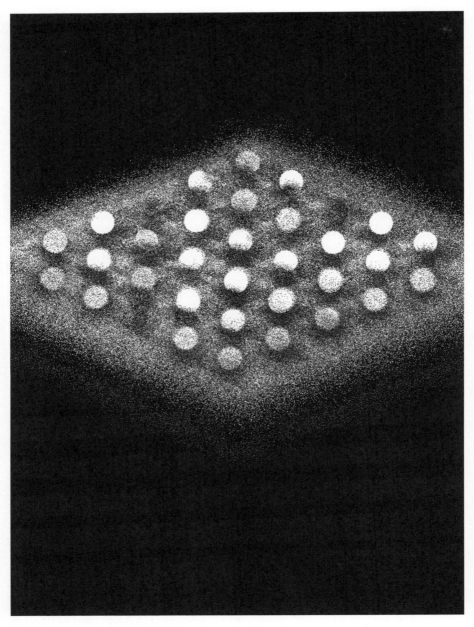

고온 초전도체에서 전자들은 체스판 무늬의 모서리를 따라 이동한다.

목할 만한 진전을 이루었다. 지금으로서는 어떤 이론도 물리학계 전체를 설득하지 못했다. 설득이 어려운 주된 이유는 평균을 낼 수 없다는 점이다. 그러기 위해서는 각 전자의 개별 움직임을 처리해 수백, 수천억 개 전자의 움직임을 이해해야 하기 때문이다. 이것을 '강상관전자계(strongly correlated electronic system) 문제'라고 하는데, 진실로 중대한 과제다!

1986년부터 초전도체 중 아주 이국적인 다른 계열이 많이 발견되고 있다. 이것들은 예를 들면 무거운 페르미온, 유기 초전도체, 코발트화물(cobaltates), 프닉타이드 산화물(pnictures) 등으로 이름이 난해하다. 모두가 구리 함유 화합물인 큐프레이트(cuprate)라고도 불리는 베드노르츠와 뮐러의 세라믹과 놀랍도록 유사하다. 이 화합물 중 하나의 전자 수를 바꾸는 즉시 매번 그것은 갑자기 절연체가 된다. 이 강한 유사성이 곧 모든 이국적 초전도체들을 단일한 모형으로 설명할 수 있는 일반적 해석이 존재한다는 뜻일까? 문제의 답은 여전히 나오지 않았다.

상온 초전도체

최근 두 개의 발견이 차례로 초전도체에 관한 신문 기사를 장식했다. 앞서 '물리학의 우드스톡' 사회를 맡았던 닐 애슈크로프트는 1960년대 말부터 대담한 추측을 던졌다. 최상의 초전도체가 가장 단순한 원소인 수소라면 어떨까? 그의 추론은 명쾌하다. BCS 모형이 예상하는 바에 따르면 원자의 진동이 빠를수록 쿠퍼 쌍을 이루려는 원자들 간의 인력이 커지고 초전도성도 높아진다. 그런데 마침 고체 수소 안의 원자들은 아주 가벼워 가장 빨리 진동한다. 그런데 고온에서 수소는 고체가 아니다. 개별 원자 둘이 모여 분자가 된 기체 H_2다.

2017년 독일의 미하일 에레메츠(Mikhail Eremets) 연구 팀은 불가능을 시도한다. 수소에 엄청난 압력을 가해 고체로 만드는 것인데, 그들은 H_2 분자를 깨뜨려 수소로 고체를 만들고자 한다. 이를 위해 다이아몬드 모루 기술을 사용한다. H_2 기체를 마주 놓인 두 개의 작은 다이아몬드 사이에 놓고 두 보석이 부서질 정도로 다이아몬드에 가능한 한 센 압력을 가한다.

적절한 방식으로 절단된 다이아몬드는 이런 압력을 견딘다. 우리가 아는 한 가장 견고한 소재가 바로 다이아몬드이기 때문이다. 이때 둘 사이의 모든 것이 엄청난 압력을 받는다. 이런 식으로 에레메츠 팀은 수소 분자 기체에 수백만 바(bar, 대기압의 단위)의 압력을 가한다. 그러나 아무런 효과가 없고 수소는 여전히 기체다.

이때 독일 팀은 썩은 달걀처럼 악취가 나는 기체인 황화수소(H_2S)를 가지고 실험을 다시 하기로 한다. 아마도 황이 수소 분자를 안정화하는 역할을 하지 않을까? 약 140만 바에서 황화수소는 성공적으로 고체가 된다. 그들은 여기에 전류를 공급하면서 조심스럽게 이것을 냉각시킨다. 그들은 −70도 근처에서 이 고체가 초전도체가 된다는 것을 발견한다. 베드노르츠와 뮐러의 세라믹이 가진 기록이 마침내 깨진 것이다! 이런 압력을 받으면 이 고체 안의 수소는 더 이상 둘로 연결되지 못하고 각자 자신의 전자를 방출한다. 이때 방출된 전자들이 바로 초전도 쌍을 이룬다. 애슈크로프트가 옳았다.

이 성공에 힘입어 다른 연구자들도 모험에 뛰어든다. 2018년 워싱턴에서 러셀 헴리(Russell Hemley) 연구 팀은 황을 란타넘(lanthanum)으로 교체하기로 한다. 당시 그는 약 200만 바의 압력에서 초전도성이 발현되기 시작하는 온도가 이전보다 훨씬 높은 −10도임을 발견한다. 마침내 물리학자들은 상온에서 초전도성 소재 얻기라는 성배를 손에 쥐었다.

하지만 너무 큰 기대는 말자. 불행히도 그런 압력에서 얻은 것을 실용화하는 문제는 생각보다 어렵다. 초전도체 케이블이나 냉각장치가 필요 없는 저장용 코일은 가까운 미래에 얻기 힘들다. 하지만 이 수소화된 고체를 더 낮은 압력에서 안정화하기 위한 경쟁은 시작되었다.

초전도체는 우리에게 끊임없이 놀라움을 안겨주었다. 게다가 내가 이 페이지를 쓰고 있는 2020년 1월 30일 프랑스 원자력청

(CEA), 프랑스 국립과학연구원(CNRS), 프랑스 방사광가속기 (Synchrotron)-국립가속기센터(SOLEIL) 공동연구 팀은 금속성 수소를 안정화하는 데 성공했다! 이 소재 역시 초고온 초전도체가 될까? 이야기는 다음 편에 계속된다.

CHAPTER 13

당신의 컴퓨터 속 고양이들
양자 컴퓨터

2019년 10월 24일, 권위 있는 학술지 『네이처(Nature)』의 표지에 SF 영화에 어울릴 만한 '양자 우위(Quantum supremacy)'라는 제목이 등장했다. 거기에 이런 부제가 달려 진정한 기술 혁명의 도래를 암시했다. '양자 컴퓨터 칩이 처음으로 고전적 슈퍼컴퓨터를 능가하다'. 이어지는 논문의 저자는 구글 연구실 소속 77명의 과학자였다. 그들은 어떻게 양자 컴퓨터가 현재 최고 사양의 컴퓨터로 최소 1만 년이 걸릴 계산을 3분 만에 해냈는지 기록했다.

몇 년 전부터 이 주제를 다루었던 언론은 이런 내용이 발표될 거라고 예상하지 못했다. 여기에 기사 제목 몇 개를 소개한다. '양자 컴퓨터, 신뢰해야 하나? 그렇다면 그 시기는?', '양자 컴퓨터라는 기회를 놓치려 하지 않는 전 세계 국가들', '양자 컴퓨터 시대

임박(몇십 년 후)', 'IBM, 최초의 상용화 모델 선보여', '양자 컴퓨터, 해커를 실업자로 내몰까?', '양자 우위의 도래, 세계를 바꾸지는 못할 듯', '양자 IT 시대의 도래 여전히 요원해'.

누가 믿을까? 양자 컴퓨터가 우리의 미래를 뒤집어놓을까? 아니면 쉽게 이뤄지지 못할 약속일까? 1986년 고온 초전도체가 발견되었을 때 사람들은 이것이 전기와 운송 분야에 대거 적용되리라 생각했다. 2004년, 이번에는 그래핀(graphene)이 곧 모든 마이크로프로세서의 핵심이 될 거라며 눈부신 미래가 약속되었다! 하지만 어떤 것도 예상대로 이뤄지지 않았고, 지금으로서는 초전도체도 그래핀도 대량으로 상용화하기에 이르지 못했다. 미래학은 까다로운 기술이다.

1896년 피터르 제이만(Pieter Zeeman)이 자기장이 기체에 미치는 효과를 측정할 때 약 100년 후 그의 발견이 자기공명영상(MRI)으로 이어질지 누가 상상이나 했을까? 기초 연구의 시간은 기업가의 시간이 아니며 언론의 시간은 더더욱 아니다. 그 시간은 아코디언 연주다. 연구자들은 흔히 수십 년에 걸쳐 한 걸음씩 아주 천천히 진전을 이루고, 그러다 갑자기 어떤 발견을 하면 그것은 결국 새로운 성장을 동반해 연구 분야에 깊은 변화를 일으킨다. 과학철학자 토머스 쿤(Thomas Kuhn)은 이렇게 지리멸렬한 진전을 이론화하며 과학 혁명이라는 개념을 만드는데, 이것은 새로운 패러다임의 탄생을 말한다.

이것은 우리가 오늘날 양자 IT 분야에서 목격하고 있는 혁명에도 존재한다. 이 분야에 뛰어드는 연구자가 점점 많아지는 이유는 자금조달이 원활하기 때문이다. 유럽연합(EU)은 10년에 걸쳐 10억 유로를 지원해 양자 기술에 관한 프로그램을 출범시켰다. IBM, 구글, 마이크로소프트, 인텔도 그에 뒤지지 않고 이 분야에 막대한 자본을 투자하고 있다. 그런데 이 대단한 컴퓨터가 정말 IT 세계의 격변을 예고하는 걸까?

뚜껑 밑은 제로

고전적 컴퓨터의 뚜껑부터 열어보자. 거기에는 소형 전기 부품이 있고, 그 안에는 수많은 전기 신호가 흐른다. 마이크로프로세서의 기능은 아주 기본적이다. 그 안의 정보는 0과 1의 형태, 즉 '비트(bit)'로 코드화된다. 이 정보는 논리 게이트라는 요소를 통해 처리된다. 'NOT' 게이트는 0을 1로 또는 1을 0으로 바꾼다. 좀 더 까다로운 'NAND' 게이트는 동시에 두 비트에 작용하는데, 두 비트가 모두 1일 때만 1을 가리킨다. 그런데…… 이게 전부다!

이 두 게이트를 이용하면 고난도의 어떤 계산이라도 할 수 있다. 나머지는 소형화, 네트워크, 프로그래밍의 문제다. 50여 년 만에 연구자와 공학자들은 현재 인류가 만들어낸 아마도 가장 복잡한 물체를 개발하는 데 성공한다. 오늘날의 마이크로프로세서는 약 10억 개의 상호 연결된 나노 트랜지스터를 품고 있으며 이것들은 놀라운 신뢰도로 전기 신호를 다루는데, 이 모든 일이 나노초마다 일어난다!

양자 컴퓨터에 대해 어떻게 생각하는가? 겉보기에는 고전적 컴퓨터처럼 비트와 논리 게이트를 가진 회로 같다. 그런데 더 깊이 생각해보면 각각의 비트는 단순한 0이나 1이 아니고 둘의 중첩 상태로 나타난다. 각각의 양자비트, 즉 '큐비트(qubit)'는 8장에서 언급한 것처럼 동시에 두 상태에 놓인다. 중요한 것은 스핀의 두 방향, 원자의 두 에너지, 광자의 두 분극이다. 핵심은 두 가지 상태의 중첩을 얻어내는 것이다.

고전적 컴퓨터와의 두 번째 큰 차이점은 '큐비트'가 서로 독립적이지 않다는 것이다. 이것들은 얽혀 있고 서로 복잡하게 섞여 있어 큐비트 하나에 영향을 주면 즉시 다른 모든 큐비트에 영향을 미친다. 요컨대 개별적인 0과 1 대신 우리가 접하게 될 것은 0과 1의 조합이 중첩되면서 동시에 얽혀 있는 상태다. 영원히 결속된 집단이 있는데 그 구성원들이 서로 팔짱을 끼고 있어 나중에는 서로 구별할 수 없을 정도가 되는 상황을 상상해보자. 거기에 이 개인들 각자가 남자인 동시에 여자라는 점을 추가해보라! 이것이 바로 양자 컴퓨터가 시작된 토대다.

이 새로운 정보과학은 두 가지 요소가 결합해 힘을 얻는다. 하

비트   큐비트

큐비트는 머리가 두 개 달린 이 고양이처럼 두 가지 양자 상태의 중첩으로 이뤄진다.

나는 한 번에 모든 큐비트를 병렬적으로 동시에 처리할 수 있다는 것이고, 다른 하나는 이 큐비트가 엄청난 양의 정보를 포함한다는 것이다. 이해를 돕기 위해 당신이 친구에게 전화를 이용해 고전적 비트 값을 전달해야 한다고 가정해보자. 그에게 비트가 0인지 1인지 알려주기만 하면 된다. 두 개나 세 개를 알려주려면 당신은 이런 식으로 계속해서 그에게 두 개나 세 개의 정보를 전달해야 할 것이다. 양자비트의 경우 상황은 더 까다롭다. 과학자들은 큐비트를 설명하기 위해 이런 표기법을 개발했다.

$$a|0\rangle + b|1\rangle$$

이것은 큐비트가 변수 a와 b의 비율에 따라 동시에 0 상태와 1 상태에 있다는 뜻이다. 이 값을 계산하면 0을 발견할 확률은 a이고 1을 발견할 확률은 b이다. 가령 a와 b가 각각 1/2이라면 당신이 0과 1을 발견할 확률은 같다. 만일 a가 0이고 b가 1이면 큐비트 값은 언제나 1이다. 이제 당신은 친구에게 a와 b 값을 알려줘야 한다. 얽힌 큐비트 두 개의 경우 가능한 배열이 4가지 있고 똑같은 방식으로 표기한다.

$$a\,|00\rangle + b\,|01\rangle + c\,|10\rangle + d\,|11\rangle$$

이것을 계산하면 두 비트가 0 상태에 있을 확률은 a, 첫 번째 비트가 0이고 두 번째가 1에 있을 확률은 b 등일 것이다. 이번에 당신은 친구에게 a, b, c, d 값이라는 4개의 정보를 보내야 한다. 큐비트가 3개인 경우는 쓰기가 더 힘들다.

$$a\,|000\rangle + b\,|001\rangle + c\,|010\rangle + d\,|011\rangle + e\,|100\rangle$$
$$+\, f\,|101\rangle + g\,|110\rangle + h\,|111\rangle$$

a, b, c, d, e, f, g, h라는 8개의 값을 보내야 한다. 다음은 어떨지 짐작이 가는가? 큐비트 하나가 추가될 때마다 정보의 수는 두 배가 된다. 즉 큐비트 3개면 정보는 8개, 큐비트 4개면 정보는 16개, 큐비트 5개면 정보는 32개 등의 방식으로 이어질 것이다. 이 수는 지수함수적으로 증가하니 악착같이 계산해보시길! 이 작은 게임에서 고전적 비트 100개는 기껏해야 100개의 정보를 포함하는 반면, 큐비트 100개는 2^{100}개의 정보로 표현할 수 있으며, 이것은 거의 10억의 10억 배의 1조 배 정도인 천문학적 수로, 오늘날 인류가 만들어낸 모든 정보의 수보다 훨씬 크다! 이것이 양자 컴퓨

터의 성능이 강력한 이유다.

도저히 읽을 수 없는 전화번호부

어떻게 0과 1이 중첩된 수프 같은 것을 이용해 계산이 가능하길 바랄 수 있을까? 보통은 설명하길 그만두고 '대량 병렬' 계산을 이용해 모든 것을 한 번에 처리할 수 있을 것이다. 이제 조금 더 노력해보자. 이 새로운 컴퓨터의 작동 방식이 어떠한지 실제로 알아보기 위해 다음 과제를 살펴보자.

당신에게 이름이 무작위로 1,000개쯤 있는 고약한 전화번호부 같은 것을 준다. 당신은 이 명부에서 가능한 한 빨리 당신의 이름을 찾아야 한다. 가능한 유일한 방법은 페이지마다 한 줄씩 샅샅이 읽으며 당신의 성이 맨 끝에 나오지 않기만을 바라는 것이다. 이것을 평균 500번쯤 한 후에야 찾아낼 수 있을 것이다.

양자 컴퓨터는 어떻게 더 잘 해낼 수 있는 걸까? 1996년 컴퓨터공학자 로브 그로버(Lov Grover)가 해법을 내놓았다. 우선 성(姓)을 나타내는 양자 상태를 만들어야 한다. 예를 들면 각 줄번호를 0과 1을 이용해 나타낼 수 있다. 1,000개의 성에는 10개의 큐비트가 필요하다. 다음으로 이 큐비트를 가능한 모든 상태에 균등하게 중첩시킨다. 그러면 결국 모든 성이 단 한 줄 위에 복잡하게

불가피한 오류를 수정하려면 각각의 양자비트(여기서는 머리가 두 개 달린 고양이)를 1만 개의 똑같은 클론으로 복제해야 할 것이다. 그러면 큐비트를 규칙적으로 조절할 수 있다. 계산이 끝날 때 처음의 각 양자비트를 처리해 계산의 답을 얻을 수 있다.

X 10000

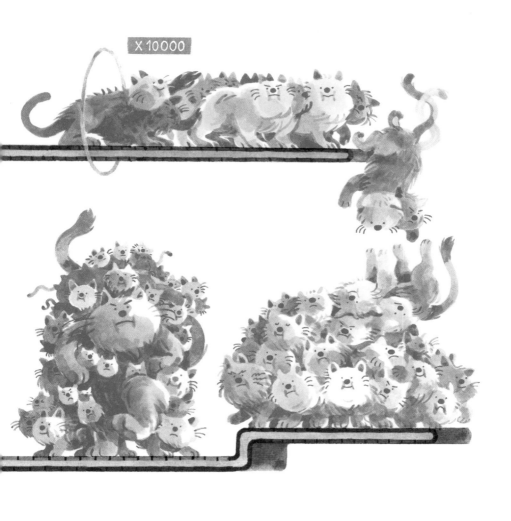

뒤엉켜 섞일 것이다. 이제 정확한 성을 찾아내려면 양자물리학을 해야 한다.

정확히 말하면 수학 연산을 몇 가지 해야 한다. 바로 이때 마법이 작동한다. 왜냐하면 한 줄씩 진행할 필요가 없고 중첩 상태가 단번에 직접 검색되어 덩어리째 당신의 성과 비교될 수 있기 때문이다. 하지만 이 단계가 끝날 때 당신은 답을 얻지 못할 것이다. 중첩이 약간 변경될 수 있는데, 그러면 이 명부에 1,000개의 성이 더는 동등하게 나타나지 않는다. 당신의 성의 폭이 약간 커질 때 다른 이들의 성의 폭은 그만큼 줄어든다. 이런 연산을 30번쯤 하면 효과가 쌓여 이제 명부 속 당신의 성은 다른 모두의 성보다 100배 커진다.

이제 측정 순간이다. 이때 전체 파동함수가 갑자기 1,000개의 줄이 아닌 단 하나의 줄로 환원된다. 100번 중 99번은 당신의 성이 포함된 줄이 나올 것이다. 고전적 방법으로는 500번이 필요하지만, 이제 당신은 30번만 연산하면 될 것이다. 그러나 대가가 따른다. 100번 중 한 번은 여러분과 성은 같지만 이름이 다른 사람을 발견할 수 있고 이 에러를 적발할 방법은 전혀 없을 것이다.

만약 명부에 이름이 10억 개 있다면 양자 컴퓨터는 답을 찾아내기 위해 3만 번 정도만 작업하면 될 것이다. 이 기나긴 리스트 안에서 검색해내는 놀라운 성능은 엄청난 양의 정보를 다루는 '빅데이터' 분야에서 아주 유용하게 쓰일 것이다.

(거의) 만능인 컴퓨터

양자 알고리즘은 특정한 몇 가지 과제에서만 높은 성능을 보인다. 양자 컴퓨터는 비디오 게임을 하고 좋아하는 드라마를 보거나 워드프로세서를 이용하는 데는 크게 관심이 없다. 반면 초고속으로 소인수분해하기와 같은 특수한 계산을 해낼 수 있고, 게다가 놀랄 정도로 고성능이다. 그런데 특히 은행에서 사용되는 암호 대부분은 기존 컴퓨터로는 엄청나게 큰 수를 소수로 분해할 수 없다는 사실에 기반하고 있다. 수학자들은 최근 '양자 내성(post-quantum)'이라는 새로운 암호화 기술을 발견했다. 양자 컴퓨터가 실전 배치되면 지금 기술을 대체할 수 있을 것이다.

양자 컴퓨터가 크게 선호될 수 있는 또 다른 곳은 바로 '이동'

양자 컴퓨터는 여러 지점 사이의 경로를 최적화하는 데 도움을 줄 수 있다.

분야다. 여러 도시를 거쳐야 하는 여행자에게 가장 짧은 경로는 무엇일까? 목적지가 15곳 이상이라면 시험해야 할 가능성의 개수가 증가하므로 계산이 불가능하지만, 양자 컴퓨터로는 가능하다. 따라서 운송과 물류 분야에 도움을 줄 뿐 아니라 엔지니어들이 마이크로프로세서의 전기회로를 최적화하는 데도 쓰일 수 있다.

양자 정보공학 역시 특정한 물리학 방정식, 특히 유체를 설명하는 나비에-스토크스(Navier-Stokes) 방정식을 더욱 효과적으로 풀이하는 데 도움을 줄 수 있다. 보잉사가 비행기에서 공기의 흐름을 개선하고자 이 문제에 관한 연구 프로그램을 출범시켰다는 것도 놀랍지 않다. 기상학이나 배의 설계도 양자 정보공학과 관련된 분야다.

그런데 가장 전도유망한 양자 컴퓨터 적용 분야는 계산 부문이 아니라 양자물리학의 시뮬레이션 부문이다. 양자물리학을 시

양자 계산을 이용하면 비행기 주변 대기의 움직임을 더 잘 시뮬레이션할 수 있을 것이다.

뮬레이션하기 위해 양자 컴퓨터를 이용하는 액자 속의 액자 구조는 우스꽝스러워 보이기도 한다! 그러나 물리학자 리처드 파인먼이 처음으로 내놓은 이 아이디어는 천재적이다. 고전적 컴퓨터는 양자물리학 방정식을 잘 계산해내지 못한다. 그것은 단 몇 개의 원자로 이뤄진 분자 하나의 에너지를 찾아낼 수도 없는데 계산이 어마어마하기 때문이다! 칼슘 원자 하나와 플루오린 원자 하나로 이뤄진 CaF라는 정말 단순한 분자 하나를 예로 들어보자. 현재 최고 성능 시뮬레이션에 따르면 칼슘과 플루오린 사이의 거리는 0.41나노미터인 반면 실제 거리는 2나노미터다. 한마디로 참사다.

양자 컴퓨터는 본질적으로 양자물리학 법칙을 준수하며, 그런 계산을 해내기에 완벽한 첨단 기술이라 할 수 있다. 이것은 거리를 예측하는 데만 쓰이지 않고, 파급 효과가 엄청나다.

가령 질소비료를 생산하려면 공장에서는 질소를 500도로 가열해 암모니아로 바꾸는 공정이 필요하다. 이것은 천연가스 총생산량의 약 2퍼센트를 소비하며, 설상가상으로 전 세계 탄소 오염원의 2퍼센트에 달하는 가스를 대기로 방출한다! 그러나 어떤 미생물은 질소 효소를 가지고 있는데, 가열 없이 똑같은 일을 할 수 있다. 하지만 어떻게 이 효소가 그런 일을 하는지는 알지 못한다. 물리학자들은 고성능 양자 컴퓨터가 문제의 화학적 메커니즘을 밝혀내고 이 효소를 모방해 에너지는 엄청나게 아끼면서 오염을 최소화할 수 있음을 보여주었다. 또 다른 연구를 통해 약물이나

양자 시뮬레이션을 통해 새로운 분자의 움직임을 예측하고 그에 따라 신약을 구상할 수 있을 것이다.

친환경 신소재를 위한 새로운 분자들을 시뮬레이션할 수 있을 거라고 예상한다. 이런 예측을 반박하는 사람도 있겠지만 앞으로 살펴볼 일이다.

실제로는 복잡한 것

계획은 비교적 단순해 보인다. 큐비트를 몇백 개 만들어 그것을 얽히게 하고 적절한 알고리즘으로 처리한 뒤 측정하면 끝이다. 하지만 실제로는 모든 게 복잡해진다.

　우선, 큐비트 분야다. 연구자들은 큐비트를 설계하기 위한 논리 명제를 아주 많이 가지고 있으므로 평상시 연구 도구로부터 그것을 꺼내오면 된다. 어떤 이들은 원자의 스핀을 사용하는데, 이 작은 양자 자석은 위 또는 아래 두 가지 위치만 가질 수 있다. 스핀을 이 두 가지 상태로 중첩되게 하는 것도 방법이다. 또 다른 이들은 이온을 가두는 것을 선호하는데, 이온이란 전자가 제거되거나 추가된 원자다. 그들은 자기장을 이용해 이온을 다룰 수 있으며, 이때 이온의 에너지 준위를 중첩되도록 만들 수 있다.

IBM과 구글이 중점을 두는 또 다른 유망 분야는 초전도체 기반의 작은 전자 부품이다. 이 부품 안의 전기회로는 거대 인공 원자처럼 동시에 두 가지 상태에 있을 수 있다. 이것은 진짜 원자에 비해 장점이 많다. 일단 전통적 전자공학에서 트랜지스터를 새기는 것과 같은 기술에 기반하고 있기 때문에 대량 생산이 쉽다. 또 초전도체 부품이 단순한 원자보다 더 견고해 외부의 방해파를 잘 견딘다.

이 초전도체 전자 부품은 고주파의 전파를 이용해 조작할 수 있다. 이것은 곧 연산당 몇 나노초 정도로 실행 속도가 상당히 빠름을 뜻한다. 이 큐비트를 대량으로 제조해 그것을 논리 게이트와 결합하는 일만 남아 있다. 결과물을 초진공 초저온 상태에서 외부로부터 보호되는 차폐 벽 안에 둬야 할 것이다.

그런데 내가 이 책을 쓰고 있는 지금 최고 성능의 양자 컴퓨터가 가진 큐비트는 몇십 개뿐이지만 기존 컴퓨터가 다루는 비트는 수십억 개다. 사실 수많은 기술적 문제가 있다. 예를 들면 결잃음,

방해파, 안정성, 정확도 등이다. 각 큐비트는 단순한 작은 트랜지스터일 뿐 아니라, 그 자체로 섬세하고 정교하고 아주 연약한 양자 실험이다. 그러므로 큐비트의 수를 늘리는 것은 간단한 문제가 아니다.

또 다른 큰 한계점은 사용 가능한 계산 시간이 지극히 제한되어 있다는 점이다. 큐비트는 결잃음 현상(7장 참조) 때문에 극히 짧은 순간 동안만 중첩과 얽힘 상태를 유지한다. 현재 최고 성능의 양자 컴퓨터인 IBM-Q 또는 구글의 시커모어(Sycamore)는 잘해야 수십 마이크로초 동안 수십 큐비트를 다룰 수 있다. 이것이 현재로서는 계획된 모든 프로그램을 수행하기 위해 요구되는 수준이다!

그런데 최악의 문제점이 더 남아 있다. 양자 컴퓨터는 엄청난 오류율을 보인다. 최상의 컴퓨터도 단계마다 에러를 일으킨다. 따라서 연산을 1,000개쯤 마치면 결과에 오류가 있을 것이 거의 확실하다! 그에 비해 기존 컴퓨터는 100경 번에 한 번 정도만 에러를 일으킨다.

이렇게 반복되는 오류는 외부의 방해나 확률론적 계산 특성 같은 수많은 요인에서 비롯된다. 설상가상으로 이 오류를 찾아내기가 쉽지 않다. 큐비트를 제어하고자 하면 이것은 곧 중첩을 멈추기 때문이다. 워드프로세서의 맞춤법 교정 도구가 오류를 수정하는 대신 오류를 포함하는 단어를 모두 지워버린다면 어떻겠는가?

다행히 이 분야 전문가들이 해법을 내놓았다. 그들은 큐비트를 복제한 다음 원래 큐비트는 가만히 두고 복제된 쌍둥이를 규칙적으로 제어할 것을 제안한다. 워드프로세서의 비유를 다시 쓰자면 문서의 사본을 여러 개 저장한 뒤 그중 하나에 교정 도구를 돌리는 것이다. 잘못된 단어가 발견되면 원본으로 돌아가 필요한 경우 그 단어를 수정할 수 있다. 이렇게 수정해야 할 작업량은 엄청나다. 현재 오류율이라면 각 큐비트를 최소 1만 개쯤 복제해야 할 것이다!

이런 배경에서 구글은 53개의 큐비트를 이용한 계산에 성공했다고 발표했다. 하지만 이런 계산이 별로 유용하지 않다는 점에 주목하자. 이 계산은 53개의 큐비트를 여러 번 작동시킨 다음 이것들이 측정 시 0이나 1을 제공한 횟수를 측정하는 것이다. 고전적 컴퓨터는 이런 상황을 시뮬레이션하는 데 어려움이 많으므로 바로 이 경우 『네이처』의 커버를 장식했던 양자 우위가 발생한다. 하지만 컴퓨터가 우리에게 보여준 것은 자신에게 도전할 줄 안다는 것이다. 정말로 유용한 계산을 하려면 53개의 오류 없는 큐비트가 필요할 것이다. 각 큐비트는 수천 개의 사본을 동반해야 하기 때문에 이것은 100만 개의 큐비트를 이용하는 컴퓨터를 가진다는 뜻이 될 수 있다.

진정한 파급 효과를 알아보기 위해 달성할 과제는 50개의 큐비트를 자그마치 100만 개로 늘리는 것이다.

양자 컴퓨터에 대한 최종 판결:
좋으면서 동시에 나쁘다

총결산의 시간이다. 장점부터 살펴보자. 소규모 양자 컴퓨터가 존재하고 기능한다는 것 자체가 이미 훌륭하다. 초전도체 비트를 사용하는 아주 간단한 컴퓨터는 작은 수를 소인수분해하고 성공적으로 임의의 수를 만들어낼 수 있다. 놀랍고 희망적인 분위기에서 여러 발견이 이어지고 있다. 이용 가능한 큐비트의 수는 여전히 엄청난 속도로 계속해서 증가하고 있다.

엔지니어들의 골칫거리인 오류율은 새로운 발견이 이어짐에 따라 감소하는데, 2003년의 재앙적 비율 30퍼센트에서 현재 1퍼센트 이하로 떨어졌다. 양자 컴퓨터를 프로그래밍하는 기술 역시 눈에 띄게 진전했다. 양자물리학을 배워서 다용도 알고리즘을 개발하는 수학자와 IT 엔지니어가 많다. 국가와 기업들의 엄청난 투자도 강력한 촉진제로 작용한다.

그렇다고 너무 흥분해선 안 된다. 준엄한 사실은 현재의 양자 컴퓨터는 거의 아무 데도 쓸모가 없다는 것이다. 이것이 언젠가 유용해지려면 동시에 두 가지 측면에서 진전이 이뤄져야 할 것이다. 우선 큐비트 수가 약 100만 개에 도달해야 하는데, 아직은 갈 길이 멀다. 그와 동시에 각 큐비트를 더욱 신뢰할 만한 것으로 만들고 오류율을 줄여야 한다. 이 점 역시 난관이 아주 많다.

동시에 이 두 가지 과제에 도전할 수 있을까? 전문가들의 의견은 분분하다. 2019년 미국 국립과학원(National Academy of Science) 보고서는 현재 상황을 검토하면서 다음과 같이 뚜렷한 결론을 내리지 않고 있다. "양자 컴퓨터의 대규모 실현 가능성은 확립되지 않고 있다." 또는 이렇게 표현한다. "충분한 규모의 양자 컴퓨터가 언제쯤 나올지 예상하기에는 너무 이르다." 나도 이런 신중함을 지지한다. 진정 쓸모 있는 양자 컴퓨터가 언제쯤 나올지 지금은 단언할 수 없다. 물리적 장애물뿐 아니라 기술적 장애물도 있다. 그것을 극복하려면 소재, 제조 그리고 기초물리학 측면에서 동시에 진전이 이뤄져 양자물리학의 기이한 요소들, 방해파, 변수, 결잃음, 복제 등을 어떻게 제어할 수 있을지 알아내야 할 것이다.

이 기술 분야에 내가 직접 돈을 투자하게 될까? 아니다.

내 커리어를 지금 시작한다면 이 연구 분야가 내 관심을 끌까? 그렇다!

모든 역설이 거기에 있다. 이 새로운 전자공학은 우리에게 개척해야 할 흥미로운 연구의 장, 극한에 도전하는 양자물리학, 얽힘 상태에 있는 수백 마리의 슈뢰딩거 고양이를 제공한다. 아마도 그렇게 환상적인 양자 컴퓨터는 결코 나타나지 못할 것이다. 하지만 낙관적 자세를 유지하는 것이 좋다. 우리가 과학의 역사에서 배운 것을 참고하자면 결과라는 게 우리가 예상하는 바로 그 시점에 꼭 나타나지는 않는다. 이 엄청난 집단적 노력으로부터 다른 기술들이 분명 나타날 것이다. 아폴로 계획은 이를테면 우리의 위성인 달의 근원 설명하기와 같은 과학적 측면의 중대 발견만 제공한 것이 아니다. 오히려 로켓과 우주선 설계로 인해 태양광 패널, 방화복, 드릴 제작, 무선 청소기 같은 전자기기의 소형화 등에서 결정적 진전을 가져왔다.

냉철함을 유지한 채 양자 컴퓨터로의 모험을 계속해보자. 그럼으로써 가장 큰 효과는 아마도 새로운 세대의 물리학자, 공학자, IT 엔지니어 들이 양자물리학을 제 것으로 소화해 그로부터 모든 가능성을 발견하도록 하는 일일 것이다.

CHAPTER 14

양자물리학과 우리
양자물리학이 생물, 미래 그리고 우리에게 미치는 영향

이 건물은 일본 내해의 나오시마(直島)섬에 있다. 이것은 짙은 색 목재로 지어진 간소한 평행육면체다. 안내인이 소리 없이 안으로 들어가도록 당신을 안내한다. 벽을 따라 빛이 없는 방 입구까지 간 다음 더듬어서 벤치에 닿으면 안내자가 앉으라는 신호를 한다. 몇 분간 어둠 속에서 침묵이 흐른 뒤 멀리서 희미한 파란빛이 나타난다. 당신의 눈이 천천히 익숙해지면 이제 코발트색의 거대한 사각형이 멀리 떠 있는 게 뚜렷이 보인다. 이상하게도 그것은 건물 벽 위에 있는 것처럼 보인다. 이제 안내인이 여러분에게 일어나 이곳을 탐험하기를 권한다. 놀랍게도 당신은 곧 사각형이 바로 앞에 있음을 알게 되는데 이것은 기이한 착시 현상으로, 느껴지는 것보다 훨씬 가깝다.

현대 미술가 제임스 터렐(James Turrell)과 일본의 건축가 안도 다다오(安藤忠雄)가 설계한 이 침잠의 경험은 당혹스럽다. 이 경험은 시간적 여유를 갖고 착시 효과를 나타내는 이 세계에 익숙해지기를 요구한다. 양자물리학도 때로 같은 인상을 준다. 양자물리학은 우리 주변 어디에나 있지만 우리가 그것을 발견하고 길들여야 그게 뭔지 제대로 알 수 있다. 하지만 제대로 아는 그때부터 우리는 깊은 당혹감에 빠진다.

마지막 장에서 나는 나오시마 방문객의 사례처럼 당신이 양자물리학 관점에서 우리 주변 세계를 관찰할 것을 제안한다. 이것은 이 기이한 학문과 우리를 밀접하게 연결해주는 게 뭔지 우리 자신에게 묻는 방법이기도 하다.

우리의 일상은 양자적일까?

양자물리학을 언급할 때면 흔히 실험실이나 강당과 그 안에 불가사의한 방정식이 가득 적힌 엄숙한 칠판이 떠오를 것이다. 그런데 이 과학은 우리 주변 어디에나 있다. 이것은 우리 몸의 원자 속에만 존재하는 게 아니다. 이 학문은 물질의 특성 대부분을 설명해준다. 이 책 속 그림의 색깔을 예로 들어보자. 그림의 파란색은 인디고틴에서 유래할 가능성이 있는데, 이 염료의 색은 이것의 양자적 준위 덕분이다. 이 양자적 준위는 초록색, 빨간색, 노란색 광자를 통해 들뜬다. 파란색 광자만 흡수되지 않고 결국 우리 눈을 향해 재방출된다. 물질의 내구성, 분자의 안정성, 자성(magnetism) 등 우리 일상의 모든 요소 역시 양자를 기반으로 한다.

지금 당신을 비추는 것은 LED 전구인가? 주머니 안에 스마트폰이 있는가? 이 기술들도 목록에 더해져야 한다. 반도체의 움직임을 포함한 이 모든 기술은 물리학자들이 개발한 것이다. 완전한 절연체도 아니고 완전한 금속도 아닌 반도체 안에서 이동 가능한 전자들의 수는 지극히 적다. 하지만 이 전자들의 운동을 정밀히 제어할 수 있다. 마이크로프로세서 안에 있는 트랜지스터 속의 몇 안 되는 전자들은 낮은 전압을 이용해 자신의 양자적 준위를 조절하면서 이동하거나 차단될 수 있다. 이렇게 하여 기계적으로 누를 필요가 없는 소형 스위치가 탄생했다.

마찬가지로 LED에 공급되는 전류는 그 안의 전자를 들뜨게 해 에너지를 제공한다. 이 전

자들은 즉시 여분의 에너지를 내놓으며 광자를 방출한다. 이 전구의 색깔은 전자가 방출한 에너지양에 의해서만 달라지는데, 에너지 차이가 가장 작으면 붉은색, 가장 크면 파란색이다. 이런 각각의 발명품이 이 책의 한 챕터를 차지할 만하다. 이 목록의 시작이 증명하듯 양자물리학은 온통 우리를 둘러싸고 있다!

생물은 양자적일까?

이런 질문도 필요하다. 우리 자신은 양자적일까? 그렇다! 우리 몸을 구성하는 각각의 원자가 양자물리학 법칙의 지배를 받기 때문이다. 아니다! 우리 몸의 원자들의 특성이 단순히 더해지는 게 아니라 오히려 뒤섞이기 때문이다. 우리 원자들의 파동함수는 서로 잘 '조화'되어 있지 않으며 위상이 같지 않다. 이것은 레이저와 평범한 전구의 차이점과 같은 차이다. 레이저의 빛이 순수하고 직선적인 것은 그 속의 모든 광자가 일관성 있게 중첩되어 있기 때문이다. 반면 전구의 빛은 사방으로 퍼져나가지만 몇 미터 멀어지면 약해진다. 이런 이유로 우리의 몸은 중첩 상태, 얽힘, 이중성 등을 보여줄 수 없다. 거시적 차원에서 양자적 특성이 거의 즉시 사라지는 것은 결잃음을 통해 설명된다(7장 참조).

몇 년 전부터 새로 등장한 연구 분야가 바로 양자생물학이다. 물론 우리 몸의 분자들은 양자적이고 그것을 해석해줄 새로운 학문이 전혀 필요하지 않다고 주장할 수도 있다. 화학이 이미 완벽하게 그 일을 하고 있으니까. 이 새로운 분야는 약 10~100나노미터에 이르는 중간적 차원에 관심을 둔다. 거기서 상태의 중첩과 얽힘은 여전히 존재할 수 있을까? 만일 그렇다면 그것들이 어떻게 생명을 책임지는 생화학적 과정에 참여할까?

광합성은 양자적 시나리오가 의심되었던 가장 중요한 현상 중 하나다. 이 반응을 통해 초록 식물은 태양 빛의 도움을 받아 이산화탄소를 탄수화물로 바꿀 수 있다. 엄청난 고효율의 설탕 공장이다. 초록 식물 표면에는 엽록소 분자

로 이뤄진 양탄자가 덮여 있는데 이것은 서로 나란히 붙어 있는 타일을 떠오르게 한다. 태양이 이 식물을 관통할 때 광자들은 곧장 이 양탄자 위에 도달한다. 이때 그중 한 광자가 한 엽록소의 전자를 들뜨게 한다. 충돌로 인해 전자가 조금 이동하고, 이것은 조그만 전기적 빈틈을 뒤에 남긴다. 이 작은 틈, 즉 필요하지 않은 곳에 있는 전자와 그 바로 옆 빈틈을 엑시톤(exciton)이라고 한다. 이 기이한 양자적 존재는 일종의 전기적 진동처럼 움직이며 이때부터 이동할 수 있고 한 분자에서 다른 분자로 도약할 수 있다. 지금부터는 단거리달리기다. 엑시톤은 되도록 빨리 핵심 장소인 '반응 중심'에 도달해야 하는데, 그곳에서 엑시톤은 화학반응을 가동해 마침내 설탕을 생산하게 된다. 그런데 문제가 하나 있다. 엑시톤은 오래 살지 못한다. 비디오 게임에서처럼 엑시톤은 반드시 가장 짧은 길을 찾아 사멸하기 전에 반응 중심에 도달해야 한다.

2007년 그레이엄 플레밍(Graham Fleming) 연구 팀은 이 임의의 경로를 정밀히 밝혀내기 위해 고군분투했다. 이때 연구자들은 상당히 놀랐다. 엑시톤이 기존 가정에서처럼 분자 위를 뛰어넘어 다니는 말뚝박기 놀이를 하는 게 아니었기 때문이다. 그렇다. 이것은 동시에 모든 경로를 이용하는 것처럼 보였고, 거기서 여러 분자 차원의 중첩 상태를 보여주었다. 마치 비디오 게임에서 주인공이 가능한 모든 길을 동시에 주파할 수 있는 것처럼 말이다. 이 과정이 밝혀지면 왜 그토록 많은 엑시톤이 최종 반응을 성공적으로 일으키는지, 왜 광합성이 그토록 효율적인지 설명할 수 있을 것이다.

양자물리학의 기이함 중에서 중첩 상태만 생물학적 메커니즘에 관여하는 것은 아니다. 얽힘도 역할을 할 수 있다. 오래된 사례 중 가장 인상적인 것은 유럽 울새다. 이 매력적인 새는 유럽 지역의 위도에서 가혹한 겨울이 시작될 때 종종 북아프리카를 향해 이동한다. 철새 대부분이 그렇듯 이 새도 길을 찾기 위해 지구 자기장을 이용한다. 어떻게? 이 점을 알아보기 위해 잠깐 울새의 눈 속으로 들어가보자.

빛이 울새의 망막으로 들어오면 이 빛은 크립토크롬(cryptochrome)이라고 하는 분자들을 자

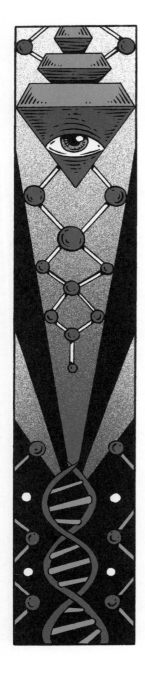

극한다. 광자와 충돌한 크립토크롬은 '라디칼 (radical)' 쌍이라고 하는 두 개의 새로운 쌍둥이 분자를 생산한다. 각 라디칼이 가진 전자 중 하나가 얽힘을 통해 나머지 쌍과 연결된다. 그리고 이 전자의 스핀은 이제 나머지 쌍의 스핀과 연결된다. 그러면 둘이 같은 방향이거나 서로 다른 방향일 것이다. 분자들이 분리되어도 우리가 설명한 것처럼 밀접한 관계는 지속된다.

바로 그때 지구 자기장이 개입한다. 새가 동쪽이나 서쪽으로 날아가는 한 두 스핀은 같은 방향으로 얽혀 있고 이때는 평온하다. 하지만 이 새가 남북을 축으로 해서 날아가는 순간 얽혀 있는 스핀 쌍은 서로 반대 방향으로 놓이기 시작한다.

과학자들은 이때 아주 특수한 화학반응이 있음을 발견했다. 이 반응은 두 번째 경우에만 시작되며 시신경을 자극한다고 한다. 곧 새는 뭔가 다른 걸 본다. 따라서 울새는 자(磁)북극 방향을 정말로 '볼' 수 있다고 한다. 우리 눈이 시력과 통합된 일종의 나침반 같은 능력을 가진다고 상상해보라. 지도나 스마트폰 없이도 우리가 어디에 있는지 알 수 있을 것이다. 하지만 마그넷이 붙어 있는 냉장고에 가까이 간다든가 최악의 경우 병원 MRI 검사에서 지구 자기장보다 1만 배 더 높은 자기장에 들어간다면 어떤 일이 벌어질지 감히 상상도 못 하겠다.

양자생물학은 여전히 논란의 대상이다. 이 학문을 뒷받침하는 것이 실험의 증거이든 이론적 추론이든 말이다. 중요한 연구들이 실제로 입증되면 이 학문은 여러 생화학적 메커니즘에 대한 우리의 이해를 바꿔놓을 수 있을 것이다. 그때부터 이 생화학 메커니즘은 엄청난 양자 효과들을 이용하는 새로운 형태의 화학을 보여주는 모델이 될 수 있을 것이다.

우리의 뇌는 양자적일까?

양자물리학이 생명체의 다양한 현상을 설명한다면 이것이 우리의 뇌나 의식을 이해하는 데 도움을 줄 수 있을까?

주저하지 않고 난관을 극복하는 영적 지도

자가 많이 있다. 그들은 뇌가 양자적일 거라고 주장할 뿐 아니라 양자물리학이 새로운 영성, 특정한 대체의학, 그리고 여러 이상 현상에 대한 과학적 기반을 제공할 수 있다고 말한다. 디팩 초프라(Deepak Chopra)는 이 분야의 베테랑이다. 미국의 내분비 전문의인 그는 몇 해 전부터 명상, 테라피 그리고 자기계발 사이의 '새 시대(new age)'라는 새로운 영성의 형태를 창안했는데, 특히 인도 전통 의학에서 영감을 얻은 것이다. 그의 저서들은 세계적 성공을 거두었다.

그중 『퀀텀 힐링(Quantum Healing)』은 뭔가를 연상시키는 이런 부제를 달고 있다. '당신 영혼의 놀라운 치유력'. 이 책에서는 원자인 우리의 몸이 어떤 양자 상태에서 또 다른 양자 상태로 갑자기 도약할 수 있다고 주장한다. 저자는 이러한 도약을 통해 기적적으로 암이 치유된 몇 가지 사례가 있다고 한다. 책장을 넘기다 보면 전문 용어와 영적 용어가 뚜렷한 경계 없이 뒤섞인 문장들이 이어진다. 직접 판단해보시길. "양자물리학의 발견을 통해 우리는 우리 몸의 원자를 파악하고 본원적 우주를 떠올릴 수 있다." 초프라는 이런 말도 한다. "의식은 국지적이지 않다. 이것은 가능성의 중첩이다." 의식의 신비를 설명하고 여러 자연 의학의 신뢰성을 증명하기 위해 양자적 특성이 소환된다.

과학적 정보, 비유 그리고 부정확한 추정이 혼합되어 수백만 독자를 유혹하는 가르침이 된다. 그런데 매번 잘 설명된 논리가 같은 수사법에 의지하고 있다. 감정이나 증거 측면에서 다른 미스터리를 더하려고 양자 용어의 미스터리가 등장하는 수법은 더 자주 나타난다. 어떤 과학적 의미도 없으니 안타깝다!

다시 말하지만, 움직이는 수천억, 수천조 개의 분자로 이뤄진 37도의 뇌는 적어도 양자물리학적 의미로는 포괄적 중첩 상태에 있을 수 없다. 이미 살펴보았듯 어떤 생물학적 과정이 양자적이라 할지라도 그것은 늘 수십 나노미터 규모로 제한된다. 양자물리학을 통해 과학적으로 증명할 수 있는 대상이 뭔지 알아보려면 크기와 온도라는 두 가지 기준을 기억하면 좋다. 우리가 사는 지상의 온도에서는 1마이크로미터

보다 훨씬 작은 물체만 양자 효과를 나타낼 수 있다. 나머지는 상상계에 속한다. 사람들은 각자 믿음을 가질 권리가 있고 나에게는 각자 믿음의 정당성이나 각자의 선택을 판단할 어떠한 자격도 없다. 하지만 과학적 뒷받침을 위해 양자물리학을 남용하는 데 맞서는 것은 중요하다.

양자 혁명이란?

우리의 미래를 조망하는 연습 문제 풀기는 여기까지 하자. 어느 날 나는 2050년까지 달성될 물리학의 위대한 발견에 관한 강연을 요청받았는데, 어떤 답을 해야 할지 모르겠다고 양해를 구하며 발언을 시작했다. 나는 심지어 거기서 멈추고 마치 연극의 주인공처럼 그곳을 떠나려고 했다. 미래를 전망하는 것은 언제나 실패할 운명에 가깝다.

1980년대 SF 영화를 다시 보는 것으로 충분하다. 인터넷도 스마트폰도 없고, 다만 날 수 있는 많은 자동차가 인상적인 리듬 속에서 교차

한다. 하지만 나는 이 마지막 장에서 다가올 몇 년 동안 양자물리학이 결정적 역할을 할 수 있는 분야가 어디인지 생각해보고자 한다. 그것을 확인하기 위해 앞으로 20년간 누구도 이 책을 뒤져보지 않길 바란다.

'두 번째 양자 혁명'에서부터 시작해보자. 이 것은 막 시작되었고 눈부신 파급 효과를 약속하고 있다. 그리고 얽힘과 중첩 상태를 기초로 한 기술 발전을 목표로 한다. 우선 앞 장에서 설명한 양자 컴퓨터가 등장한다. 이것이 마침내 충분한 수의 큐비트와 제한된 오류율을 자랑하게 되었기에 여러 분야에 깊은 영향을 미칠 수 있을 것이다.

양자 컴퓨터의 수많은 잠재적 사용 분야 중 가장 큰 영향을 미칠 수 있는 것은 분자 시뮬레이션일 것이다. 우리는 이미 비료를 다른 방식으로 생산할 수 있음을 살펴보았다. 이 슈퍼컴퓨터는 더 저렴한 또 다른 화학반응을 개발하는 데도 큰 도움을 줄 것이며, 그 결과 화학공업의 새로운 촉진제가 발견될 것이다. 또 이 컴퓨터를 이용하면 이산화탄소를 고정하거나 광화

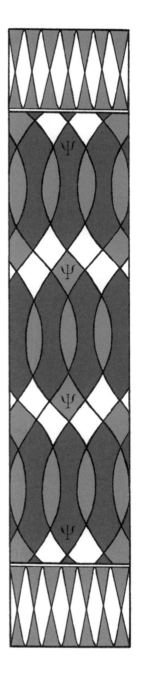

학 반응을 촉진하는 과정을 연구할 수 있으며, 신약을 위한 분자를 고안하거나 몇 가지 암 치료에 핵심 역할을 하는 단백질 접힘 같은 메커니즘을 시뮬레이션할 수 있을 것이다. 그리고 더 효율적인 배터리 개발을 위한 인공 소재 발견에도 도움을 줄 것으로 기대된다.

지금으로선 양자 컴퓨터가 효율적으로 계산하는 날이 언제 올지 알아내기 어렵다. 하지만 두 번째 혁명은 거기서 멈추지 않을 것이다. 이 영역의 발전은 분명 다른 기술들을 탄생시킬 것이다. 이제 두서없는 목록을 나열하기보다 이미 실행되고 있는 사례를 살펴볼 것이다.

우선, 다이아몬드 분야다. 현재 이 보석에 미세한 결함을 삽입하는 방법이 알려져 있는데, 그것은 다이아몬드의 탄소 원자 두 개를 하나는 질소 원자, 다른 하나는 구멍으로 대체하는 것이다. 이 흠을 'NV 센터'라고 하는데, N은 질소(nitrogen), V는 빈자리(vacancy)를 뜻한다. 10억 분의 1미터 이하 정도로 크기가 아주 작은 이 결함은 조명을 비추면 특유의 붉은빛을 방출하므로 찾아내기 쉽다.

또 다른 자산인 이 결함은 스핀을 가지고 있어 자성에 민감하고 외부 자기장을 조절할 수 있다. 따라서 이 결함은 아주 미세한 자성도 탐지할 수 있는 훌륭한 도구다. 물질 안의 스핀을 하나씩 측정하고 다룸으로써 지금껏 도달한 적 없는 분해능을 제공한다. 최근 생물 세포를 촬영하는 핵자기공명법에 사용된 기발한 아이디어가 있는데, 바로 나노 크기의 MRI 촬영법이다. 이런 엄청난 기술도 스핀의 양자 상태를 조작함으로써 가능하다.

양자 통신 분야도 이 연구로부터 큰 혜택을 입어 도약을 이룰 것이다. 완벽한 보안 통신을 위해서도 양자물리학의 얽힘을 이용할 수 있다. 얽힘과 양자 순간이동을 이용하는 새로운 유형의 네트워크가 곧 등장해 독창적인 형태의 전송 기술이 개발될 것으로 기대된다.

녹색 양자물리학이란?

가장 유망할 것으로 전망되는 분야는 슈뢰딩거의 고양이나 순간이동, 얽힘을 이용한 분야가 아니다. 핵심 분야는 바로 양자 소재다. 고체 속 전자의 움직임을 제어할 때가 이 분야의 성공 시기다.

이것은 어떤 면에서 우리 미래에 획기적인 영향을 미칠까? 세계는 우리가 내놓는 이산화탄소로 인해 돌이킬 수 없이 그리고 아주 극적으로 달궈지고 있다. 그 때문에 신재생 에너지는 인류를 위한 전략적 관심사다. 대표적인 예로 태양 에너지가 있다. 이산화탄소를 방출하지 않는 이 공짜 에너지는 순전히 양자적 메커니즘인 광기전효과(photovoltaic effect)에 근거한다.

태양의 광자가 태양전지판에 도달하면 이것은 전자를 들뜨게 한다. 그 결과 받은 에너지가 전기로 바뀌는데, 이것은 LED에서 일어나는 일과 정확히 반대다. 태양전지를 이루는 반도체의 전자는 '갭(gap)'이라고 하는 일종의 계단을 만난다. 광자가 에너지를 충분히 공급하면 전자는 이 계단을 올라갔다 곧 다시 내려오며 전기를 생산한다. 하지만 처음 광자가 에너지를 충분히 갖지 못하면 아무 일도 일어나지 않는다. 이 '모 아니면 도(all or nothing)'는 그저 한 원자의 움직임을 연상시키지만, 속지 말자. 이 갭은 모든 전자뿐 아니라 모든 소재의 원자에 의해서도 영향을 받는 고체 특유의 집합적 효과에서 비롯된다.

만일 여러분이 직접 최적의 태양전지를 만들어야 한다면 계단의 높이를 어느 정도로 해야 할까? 여기에는 비극적 딜레마가 있다. 갭이 높아진다는 것은 진급한 전자가 적어진다는 뜻이지만 천만다행으로 선택된 각 전자가 제공하는 전기는 더 많아진다. 반대로 갭이 낮다는 것은 일하는 전자가 더 많아진다는 뜻이고 각 전자가 제공하는 에너지는 줄어든다. 흔히 그렇듯 최상의 해결책은 타협점, 즉 평균 계단이다. 실리콘이 바로 그 예다. 그 때문에 실리콘이 세계 시장의 약 95퍼센트를 차지하며 현재 가장 많이 사용되는 소재인 것이다.

안타깝게도 이 전지의 효율은 겨우 30퍼센트 정도다. 이렇게 수치가 낮은 이유는 에너지가 너무 많은 광자는 잘못 사용되고 적게 사용되는 반면, 에너지가 너무 낮은 광자는 전자가 계단을 오르게 하지도 못하기 때문이다. 요컨대 광자의 절반만 실리콘을 통해 변환된다. 이론상 이상적인 효율인 86퍼센트에 도달하는 것은 너무 먼 얘기다. 한마디로, 효율이 세 배나 개선될 수 있다는 것이다.

이를 위해 여러 경로로 연구가 이뤄지고 있으며 모두 양자적 요령에 기반한다. 첫 번째 경로는 광자를 더 많이 찾아내는 것을 목표로 한다. 이를 위해 연구자들은 이중 접합을 생각해냈다. 이것은 일종의 샌드위치로, 한쪽은 약한 광자를 위해, 나머지 한쪽은 강한 광자를 위해 설계된다. 가장 장래성 있는 이 탠덤(tandem) 전지 중 하나는 실리콘 소재의 작은 갭용 접합부, 그리고 납과 요오드를 기반으로 하는 페로브스카이트(perovskite) 소재의 큰 갭용 접합부를 합친 것이다.

각 층이 다른 층을 방해하지 않고 자신의 광자를 회수하고 있는지 확인하려면 터널 효과의 도움을 받아 전자가 회로의 나머지 부분을 교란하지 않고 몇 지점만 통과하도록 해야 한다. 이 탠덤 전지는 현재 35퍼센트라는 고무적 효율을 보인다. 같은 맥락에서 물리학자들은 2개가 아닌 6개의 접합부를 연결함으로써 현재 약 47퍼센트라는 기록을 얻었다. 페로브스카이트에 큰 기대를 걸고 있다. 이것은 합성 비용이 저렴한 인공 소재로, 평범한 원자재로 만들어지고 쉽게 표면에 침전된다. 지금으로서는 이 소재가 장기간 사용하기에 너무 약하지만, 관련 연구가 활발히 진행 중이다.

고에너지 광자를 더 잘 활용하기 위한 연구에는 더욱 대담한 아이디어가 나타난다. 2011년 연구자들은 놀라운 특성을 가진, 납과 셀레늄을 기반으로 한 일종의 밀폐유를 만드는 데 성공했다. 고에너지 광자가 이 접합부와 만나면 이것은 하나가 아닌 두 개의 전자를 들뜨게 하는데, 그럼으로써 양자적 효율성이 두 배가 된다.

2019년 또 다른 연구 팀은 실리콘 소재의 기존 전지를 테트라센(tetracene)이라는 유기분자로 이뤄진 30나노미터 크기의 초박막 층으로 덮었다. 거기서 고에너지 광자는 전자 한 개를 들뜨게 하고, 이것은 다른 두 개의 전자를 들뜨게 한다. 여기에서도 광자는 결국 하나가 아닌 두 전자의 에너지를 승급시키므로 에너지는 두 배가 된다. 이 연구에서 전지는 나노미터 크기의 보석세공이라 할 만한 작업의 결과물이며 나노 기술과 양자물리학, 열역학이 합쳐진 원자 규모의 레고 게임이다. 이렇게 태양 에너지의 미래는 양자적이거나 아니거나 둘 중 하나일 것이다.

다른 에너지원도 양자물리학을 이용한다. 원자력은 물론이고 열전기 화합물처럼 비교적 덜 알려진 에너지원도 그렇다. 이 재료들은 온도 차를 전기로 바꾼다. 이것의 효율성을 개선한다면 에너지가 줄줄 새고 있는 많은 열원을 이용하는 데 큰 도움이 될 것이다. 그런데 나를 가장 꿈에 부풀게 하는 고체이자 요정이 소원을 들어준다면 간청할 만한 것은 주저 없이 상온 초전도체다. 초전도체는 에너지를 생산하지는 않지만 손실 없이 에너지를 운반한다. 이것은 심지어 에너지를 무한정 저장할 수도 있다. 그러나 지금으로서는 초전도 현상이 초저온 또는 엄청난 압력을 받는 금속에서만 나타나기 때문에 대규모 적용 가능성이 희박하다 (12장 참조).

냉각시킬 필요가 없는 초전도체를 미래에 개발한다면 그것을 이용해 전선을 만들 수 있을 것이다. 이 전선은 뜨거워지지 않을 것이고 무한한 거리에 걸쳐 아무런 손실 없이 전류를 전달할 것이다. 햇볕이 가장 집중되는 사막에 놓인 태양전지판에서 전기를 회수해 손실 없이 전 세계 어디로든 전달할 수 있을 것이다. 더 좋은 점은 초전도 코일에 전기를 무한히 저장해 나중에 소비할 수도 있다는 점이다. 이것은 태양 에너지나 풍력처럼 간헐적 에너지를 더 잘 이용하도록 하는 엄청난 자산이 될 것이다. 날이 밝아오는가? 코일에 에너지를 저장한다. 날이 저무는가? 저장된 에너지를 회수한다.

나의 양자물리학

이런 사례들이 보여주듯 가장 기초적인 물리학이 중요한 이유는 우리의 현재를 이해할 뿐 아니라 미래를 예측하기 위해서다. 하지만 나는 강연을 들으러 오는 호기심 많은 청중이 LED나 컴퓨터의 기능을 이해하기 위해서 온다고 생각하지 않는다. 우선 그들의 관심을 끄는 것은 태양전지판도 하이테크 센서도 아니다. 이것들은 내가 양자물리학에서 관심을 가졌던 것도 아니고 이 학문에 내 인생의 상당 부분을 바치도록 이끈 것도 아니다.

사실 내가 양자물리학에 반한 이유는 이 학문이 가장 소중한 것을 주기 때문이다. 그것은 '여행으로의 초대'다. 이 학문은 우리에게 특이한 산책을 제안한다. 마치 해리포터가 호그와트의 벽을 통과할 때 발견하는 마법 세계의 방식처럼 양자물리학은 모든 게 우리의 이해를 벗어나는 마력의 세계, 준엄하고 일관적이지만 완전히 엉뚱한 새로운 법칙의 지배를 받는 세계를 제시한다.

다른 과학 분야도 이런 발견의 기쁨을 준다. 예를 들면 천체물리학은 외계행성, 중성자별, 블랙홀과 펄서 사이에 존재하는 미지의 것을 향해 놀라울 정도로 빠져들게 해준다.

하지만 양자물리학은 특별한 점이 있고 그것이 나를 더욱 매료시킨다. 이 학문이 예고하는 탐험은 아주 가까이 있다. 현대의 마르코 폴로(Marco Polo) 같은 우리는 이제 우리 몸의 원자 안에 있는 신비의 나라들을 발견하고 있다. 우주의 배경을 조준하는 데 쓰는 위성이나 거대 망원경이 필요하지 않은 이 순결하고 놀라운 영토는 이미 우리 주변 어디에나 있다는 점을 여러분에게 알려주고 싶다.

또 다른 매력도 있다. 물리학자들이 어떻게 이 기이한 세계를 탐험하는지 알게 될 때 우리는 가장 기발한 실험의 목격자가 되고 가장 과감한 생각의 탄생에 참여한다. 우리는 이렇게 우리의 감각과 동떨어진 현상들을 밝혀내기 위해 얼마나 대단한 배짱과 얼마나 놀라운 추상 능력이 동시에 필요했는지 이해하게 된다. 연구자들이 느껴야 했던 의혹, 불신, 놀라움 같은 것들을 짐작하게 된다. 우리는 알베르트 아인슈타인이 빛이 광자로 이뤄져 있음을 알았을 때 느낄 수 있었던 것들에 대해 조금 알고 있다.

우리는 이제 입자도 파동일 수 있다는, 상상할 수 없는 것을 알려준 젊은 드브로이의 입장에 선다. 우리는 하이젠베르크의 펜을 쥐고 세계를 보는 우리의 관점을 영원히 바꿔놓을 이 기이한 불확정성 원리를 발견한다. 지금 우리는 레네 하우 같은 물리학자가 양자 기체를 이용해 처음으로 빛을 포획하는 것 또는 미하일 에레메츠 팀이 소량의 수소와 황에 수백만 바(bar)의 압력을 가해 기록적인 초전도체를 발견한 것을 목격하고 있다.

양자물리학은 인류가 전혀 겪어보지 못한 가장 특별한 역사적 사건 중 하나로 우리를 초대한다. 이것은 유례없는 집단적 모험

이고, 미지의 땅을 일주하는 여행이다. 또한 이 학문을 탐구하는 이들의 깊은 내면으로 빠져드는 일이고, 120년 전에 이미 시작되었으나 이제 막 출발한 탐험이다.

감사의 말

이 책을 쓰기 위해 많은 동료의 도움을 받았다. 특히 프레데릭 부케, 다니엘 쉬셰, 실비 에베르, 마티외 코시악, 나탈리 리지기기 그리고 장프랑수아 로슈에게 감사드린다.

또한 최근 수년간 만난 대중, 고등학생, 인터넷상에서 교류했던 분들과 나의 학생들 모두에게 감사드린다. 그들의 질문과 답변이 이 책을 쓰는 데 큰 도움이 되었다.

원고 집필 과정에서 많은 도움을 준 편집자 크리스티앙 쿠니용께 감사드린다. 그는 나에게 영감을 주고 방향을 잡아주며 교정과 편집에서 늘 그렇듯 나무랄 데 없는 역할을 해주었다. 책의 디자인에 힘써준 기욤 자메에게도 감사드린다. 이 책의 삽화가로 나와 함께해준 마리, 에브, 클레르와 티보, 마린, 엘루아즈 그리고 오세안에게도 무한한 감사를 표한다. 나뿐 아니라 그들에게도 이 책의 각 장은 그래픽의 새로운 모험이 되었다. 도전하는 데 그치지 않고 모두가 기발하고 훌륭한 해법을 제시했다. 그들에게 박수를 보낸다. 처음 만났을 때 그들은 고등 응용미술학교인 에콜 에스티엔의 과학 일러스트레이션 디자인과에서 응용미술 고등 학위 과정에 재학 중이었다. 이 모든 인재를 발견하게 해준 에콜 에스티엔과 교수들께 감사드린다. 이 인재 중 특히 밀접한 협력 자가 되어준 마티외 랑베르와 이 학교의 교수진을 소개해준 롤랑 르우크에게도 감사를 표한다.

이 그래픽 작업은 이 책에서뿐 아니라, 프랑스 에너지 기업인 에어리퀴드사의 후원으로 파리 사클레 대학교 재단에 개설된 나 의 강의 '다른 방식으로 살펴보는 물리학'을 통해서도 실행되었 다. 그 덕분에 이 작업은 웹사이트 www.vulgarisation.fr를 통해 무료로 제공되고 있다. 표지 삽화를 이용할 수 있도록 허락해준 파리 사클레 대학교 라벡스 팜(Labex PALM) 연구실에도 감사드 린다.

마지막으로, 내 삶을 만들어가며 영감을 주는 나의 세 가족에 게 특별한 감사를 전한다.

참고문헌

인터넷 사이트
우리는 양자물리학에 관한 웹사이트 3개를 개설해 많은 무료 자료(비디오, 애니메이션, 포스터, 종이접기 등)를 제공하고 있다.
www.toutestquantique.fr
www.vulgarisation.fr
www.supraconductivite.fr
양자물리학을 명쾌하게 풀어주는 유튜브 채널 《Science Étonnante》, 《e-penser》, 《Minute-Physics》, 《3blue1brown》, 그리고 강의 채널 《Espace des sciences》.

프랑스어로 된 서적
Le Bellac, M., *Le Monde quantique*, EDP Sciences, 2010.
Smolin, L., *La Révolution inachevée d'Einstein. Au-delà du quantique*, Dunod, coll. 《Quai des sciences》, 2019.
Gribbin, J., *Le Chat de Schrödinger: Physique quantique et réalité*, Flammarion, coll. 《Champs》, 2009.
Scarani, V., *Initiation à la physique quantique: La matière et ses phénomènes*, Vuibert, 2016.
Klein, E., *Petit voyage dans le monde des quanta*, Flammarion, coll. 《Champs》, 2016.

Kumar, M., Sigaud, B., *Le Grand Roman de la physique quantique*, Lattès, 2011.

Laloë, F., *Comprenons-nous vraiment la mécanique quantique?*, EDP Sciences, 2018.

영어로 된 서적

Rae, A.I.M., *Quantum Physics: A Beginner's Guide*, Oneworld Publications, 2005.

Chow, M., *Quantum Theory Cannot Hurt You*, Faber and Faber, 2008.

Polkinghorne, J., *Quantum Theory: A Very Short Introduction*, Oxford University Press, 2002.

Ball, P., *Beyond Weird: Why Everything You Thought You Knew About Quantum Physics Is Different*, University of Chicago Press, 2018.

Hey, T., Walters, P., *The New Quantum Universe*, Cambridge University Press, 2013.

Zeilinger, A., *Dance of the Photons: From Einstein to Quantum Teleportation*, Farrar Straus Giroux, 2010.

전문 서적(대학 이상 수준)

Feynman, R., *Le Cours de physique de Feynman. Mécanique quantique*, Dunod, 2018.

Cohen-Tannoudji, C., Diu, B., Laloë, F., *Mécanique quantique*, EDP Sciences, 2018.

Lévy-Leblond, J.-M., Balibar, F., *Quantique, Rudiments*, Dunod, coll. 《L'enseignement de la physique》, 2006.

Susskind, L., Friedman, A., *Mécanique quantique: Le minimum théorique*, PPUR, 2015.

Texier, C., *Mécanique quantique*, Dunod, coll. 《Sciences sup》, 2015.

Alloul, H., *Physique des électrons dans les solides*, Les Éditions de l'École polytechnique, 2007.

Brandt, S., Dahmen, H.D., Taylor, E., 《The picture book of quantum mechanics》, *The American Journal of Physics*, vol. 54, pp. 1153-1154, 1986.

CHAPTER 1 양자물리학과의 만남: 파동-입자 이중성

Tonomura, A., *et al.*, 《Demonstration of single-electron buildup of an interference pattern》, *American Journal of Physics,* vol. 57, pp. 117-120, 1989.

Bach, R., *et al.*, 《Controlled double-slit electron diffraction》, *New Journal of Physics*, vol. 15, 2013.

CHAPTER 2 52번째 편지: 파동함수

Albert Einstein et Max Born, *Correspondance 1916-1955*, commentée par Max Born, Le Seuil, 1972.

Davisson, C., Germer, L.H., 《Diffraction of electrons by a crystal of nickel》, *Physical Review*, vol. 30, n° 6, 1927, pp. 705-741.

De Broglie, L., 《Ondes et quanta》, note publiée dans *Comptes Rendus de l'Académie de France*, T. 177, 1923, pp. 507-510.

Schrödinger, E., 《An undulatory theory of the mechanics of atoms and molecules》, *Physical Review*, vol. 28, n° 6, 1926, p. 1049.

Born, M., *Physik,* vol. 37, 1926, p. 863.

Born, M., *Physik*, vol. 38, 1926, p. 803.

Born, M., *Natural philosophy of cause and chance,* Clarendon Press, 1949.

Bernstein, J., 《Max Born and the quantum theory》, *American Journal of Physics*, vol. 73, 2005, p. 999.

Chapter 3 세계는 불연속적이다: 양자화

슈뢰딩거와 보어의 대화

Heisenberg, W., *Physics and Beyond: Encounters and Conversations*, George Allen & Unwin, 1971, pp. 73-75.

원자 30개로 이뤄진 상자

Nilius, N., Wallis, T.M., Ho, WH., 《Development of onedimensional band structure in artificial gold chains》, *Science*, vol. 297, 5588, 2002, pp. 1853-1856.

양자 도약 관찰

Sauter, T., *et al.,* 《Observation of quantum jump》, *Physical review letters*, vol. 57, n° 14, 1986, p. 1696.

Nagourney, W., Sandberg, J., Dehmelt, H., 《Shelved optical electron amplifier: Observation of quantum jumps》, *Physical Review Letters*, vol. 56, n° 26, 1986, p. 2797.

Bergquist, J.-C., *et al.,* 《Observation of quantum jumps in a single atom》, *Physical Review Letters*, n° 57, vol. 14, 1986, p. 1699.

Chapter 4 원자를 그려줘: 원자는 어떻게 생겼을까

원자의 발견

Perrin, J., *Les Atomes*, Flammarion, coll. 《Champs》, 2014. Édition de 1913 également disponible sur gallica.bnf.fr.

원자의 표현

Challoner, J., *The Atom, a visual tour*, The MIT Press, 2018.

Bigg, C., 《Representing the experimental atom. Objects of chemical inquiry》, Klein, U., Reinhardt, C. (dir.), *Science History Publications*, 2014, p. 171-202.

Bigg, C. 《Représentations de l'atome et visualisations de la réalité moléculaire》, *La Revue de la Bibliothèque nationale et universitaire de Strasbourg*, n° 6, 2012.

수소 원자의 파동함수 시각화

Stodolna, A., *et al.*, 《Hydrogen atoms under magnification: direct observation of the nodal structure of stark states》, *Physical Review Letters*, vol. 110, n° 21, 2013.

초고속 촬영

Ossiander, M., *et al.*, 《Attosecond correlation dynamics》, *Nature Physics*, vol. 13, n° 3, 2017, p. 280.

Chapter 5 불확실한 물리학?: 불확정성 원리

불확정성 원리

Heisenberg, W., 《Über den anschaulichen Inhalt der quantentheoretischen Kinematik und Mechanik》, *Zeitschrift für Physik*, vol. 43, 1927, pp. 172–198.

불확정성 원리에 대한 실험적 검증

Nairz, O., Arndt, M., Zeilinger, A., 《Experimental verification of the Heisenberg uncertainty principle for fullerene molecules》, *Physical Review*, vol. 65, n° 3, 2002.

불확정성 원리가 명명된 배경

Lévy-Leblond, J.-M., Balibar, F., 《When did the indeterminacy principle become the uncertainty principle?》, *American Journal of Physics*, vol. 66, 1998, pp. 279-280.

수학과 물리학

Wigner, E.P., 《The unreasonable effectiveness of mathematics in the natural sciences》, *Communications on Pure and Applied Mathematics*, 1960, pp. 1-14.

Tegmark, M., *Notre univers mathématique: En quête de la nature ultime du Réel*, Dunod, coll. 《Quai des sciences》, 2014.

단위 재정의

Newell, D., 《A More Fundamental International System of Units》, *Physics Today*, vol. 67, n° 7, 2014, p. 35.

Fischer, J., Ullrich, J., 《The new system of units》, *Nature Physics*, vol. 12, n° 1, 2016, p. 4.

CHAPTER 6 벽 통과하기: 터널 효과

터널 효과의 역사

Merzbacher, E., 《The Early History of Quantum Tunneling》, *Physics Today*, vol. 55, n° 8, 2002, p. 44.

터널 효과 실험 시연

Esaki, L., 《New phenomenon in narrow germanium p-n junctions》, *Physical Review*, vol. 109, n° 2, 1958, pp. 603-604.

핵 속에서의 터널 효과

Gamow, G., 《Zur quantentheorie des atomkernes》, *Zeitschrift für Physik*, vol. 51, 1928, pp. 204-212.

Gurney, R.W., Condon, E., 《Wave mechanics and radioactive disintegration》, *Nature*, vol. 122, n° 3073, 1928, pp. 439-439.

터널 효과 현미경

Bonnig, G., *et al.*, 《Surface studies by scanning tunnelling microscopy》, *Physical Review Letters*, vol. 49, n° 1, 1982, pp. 57-61.

La 《nanocar race》 organisée par le CNRS: http://nanocar-race.cnrs.fr/

결잃음 측정

Myatt, C.J., *et al.*, 《Decoherence of quantum superpositions through coupling to engineered reservoirs》, *Nature*, vol. 403, n° 6767, 2000, p. 269.

Brune, M., *et al.*, 《Observing the progressive decoherence of the "meter" in a quantum measurement》, *Physical Review Letters*, vol. 77, n° 24, 1996, p. 4887.

주사위 던지기 결과 예측

Kapitaniak, M., *et al.*, 《The three-dimensional dynamics of the dice throw》, *Chaos: An Interdisciplinary Journal of Nonlinear Science*, vol. 22, 2012.

여러 해석

Tegmark, M., 《The interpretation of quantum mechanics: Many worlds or many words?》, *Fortschritte der Physik: Progress of Physics*, vol. 46, n° 6-8, 1998, pp. 855-862.

Schlosshauer, M., Kofler, J., and Zeilinger, A., 《A snapshot of foundational attitudes toward quantum mechanics》, *Studies in History and Philosophy of Modern Physics*, vol. 44, n° 3, 2013, pp. 222-230.

Bricmont, J., *Quantum Sense and Nonsense,* Springer International Publishing, 2017.

Schlosshauer, M., *Elegance and enigma: The quantum interviews*, Springer Science & Business Media, 2011.

"입 다물고 계산하라"

Mermin, D., 《What's wrong with this pillow?》, *Physics Today*, vol. 42, 1989, p. 9.

Mermin, D., 《Could Feynman have said this?》, *Physics Today*, vol. 57,

2004, p. 10.

CHAPTER 8 진동하는 고양이: 상태의 중첩

간섭무늬 실험에서 전자의 경로 측정

Buks, E., *et al.*, 《Dephasing in electron interference by a "which-path'detector"》, *Nature*, vol. 391, n° 6670, 1998, p. 871.

70개의 원자와 2,000개의 원자로 이뤄진 분자에서 간섭무늬 실험

Arndt, M., *et al.*, 《Wave-particle duality of C 60 molecules》, *Nature*, vol. 401, n° 6754, 1999, p. 680.

Fein, Y., *et al.*, 《Quantum superposition of molecules beyond 25 kDa》, *Nature Physics*, vol. 15, n° 12, 2019, pp. 1242-1245.

Arndt, M., Hornberger, K., 《Testing the limits of quantum mechanical superpositions》, *Nature Physics*, vol. 10, n° 4271, 2014.

초전도체 스퀴드에서의 양자 간섭

Friedman, J.-R., *et al.*, 《Quantum superposition of distinct macroscopic states》, *Nature*, vol. 406, n° 6791, 2000, p. 43.

양자 그네에 나타난 상태 중첩

O'Connell, A.D., *et al.*, 《Quantum ground state and single-phonon control of a mechanical resonator》, *Nature*, vol. 464, n° 7289, 2010, p. 697.

스핀 액체

Bert, F., *et al.*, 《Quand la frustration rend plus dynamique: les liquides de spins quantiques》, *Reflets de la physique*, vol. 37, 2013, pp. 4-11.

CHAPTER 9 텔레파시를 주고받는 입자들: 얽힘

RPE 역설에 관한 아인슈타인의 논문

Einstein, A., *et al.*, 《Can Quantum-Mechanical Description of Physical

Reality Be Considered Complete?》, *Physics Review*, vol. 47, 1935, p. 777.

벨의 정리

Bell, J., 《On the Einstein Podolsky Rosen paradox》, *Physics Physique Fizika*, vol. 1, n° 3, 1964, p. 195.

얽힘을 증명한 실험

Aspect, A., *et al.*, 《Experimental realization of Einstein-Podolsky-Rosen-Bohm Gedankenexperiment: a new violation of Bell's inequalities》, *Physical Review Letters*, vol. 49, 1982, p. 91.

G.H.Z 실험

Greenberger, D.M., *et al.*, Bell's theorem, quantum theory and conceptions of the Universe, Kluwer Academic, 1989, p. 89; *American Journal of Physics*, vol. 58, 1990, pp. 1131-1143.

Mermin, D., 《Quantum mysteries revisited》, *American Journal of Physics*, vol. 58, 1990, pp. 731-734.

Pan, J.W., *et al.*, 《Experimental test of quantum nonlocality in three-photon Greenberger-Horne-Zeilinger entanglement》, *Nature*, vol. 403, n° 6769, 2000, p. 515.

카나리아 제도 두 섬 사이의 얽힘

Ursin, R., *et al.*, 《Entanglement-based quantum communication over 144 km》, *Nature Physics*, vol. 3, n° 7, 2007, p. 481.

광섬유 네트워크를 이용한 얽힘

Tittel, W., *et al.*, 《Violation of Bell inequalities by photons more than 10 km apart》, *Physical Review Letters*, vol. 81, n° 17, 1998, p. 3563.

위성을 통한 얽힘

Yin, J., *et al.*, 《Satellite-based entanglement distribution over 1,200 kilometers》, *Science*, vol. 356, n° 6343, 2017, pp. 1140-1144.

얽힘을 이용한 유령 사진

Lemos, G., *et al.*, 《Quantum imaging with undetected photons》, *Nature*, vol. 512, n° 7515, 2014, p. 409.

CHAPTER 10 단순한 쌍둥이가 아니다: 구별 불가능성

애니온

Wilczek, F., 《Quantum Mechanics of Fractional-Spin Particles》, *Physical Review Letters*, vol. 49, n° 14, 1982, pp. 957-959.

Read, N., 《Topological phases and quasiparticle braiding》, *Physics Today*, vol. 65, n° 7, 2012, p. 38.

Wilczek, F., 《Inside the Knotty World of "Anyon" Particles》, *Quanta Magazine*, 2017.

CHAPTER 11 모두 함께, 모두 함께!: 페르미온 기체와 보손 기체

보스-아인슈타인 응축

Einstein, A., *Quantentheorie des einatomigen idealen Gases*, Akademie der Wissenshaften, in Kommission bei W. de Gruyter, 1924, 1925, bd. I & II.

최초의 응축물 생성

Anderson, M.H., *et al.*, 《Observation of Bose-Einstein condensation in a dilute atomic vapor science》, *Science*, vol. 269, n° 5221, 1995, pp. 198-201.

Davis, K.B., *et al.*, 《Bose-Einstein condensation in a gas of sodium atoms》, *Physical Review Letters,* vol. 75, n° 22, 1995, pp. 39-69.

응축을 이용한 빛의 감속과 포획

Hau, L.V., *et al.*, 《Light speed reduction to 17 meters per second in an ultracold atomic gas》, *Nature*, vol. 397, n° 6720, 1999, p. 594.

Ginsberg, N.S., *et al.*, 《Coherent control of optical information with matter wave dynamics》, *Nature*, vol. 445, n° 7128, 2007, p. 623.

응축을 통한 우주의 팽창 시뮬레이션

Eckel, S., *et al.*, 《A rapidly expanding Bose–Einstein condensate: an expanding universe in the lab》, *Physical Review X*, vol. 8, n° 2, 2018.

응축을 이용한 강상관 물질의 시뮬레이션

Gross, C., Bloch, I., 《Quantum simulations with ultracold atoms in optical lattices》, *Science*, vol. 357, n° 6355, 2017, pp. 995-1001.

CHAPTER 12 특별 세션 '물리학의 우드스톡': 초전도성

초전도성 발견

Kamerlingh, H., 《Further experiments with Liquid Helium G. On the Electrical Resistance of Pure Metals etc. VI. On the Sudden Change in the Rate at which the Resistance of Mercury Disappears》, *Koninklijke Nederlandse Akademie van Wetenschappen Proceedings*, vol. 14, n° 2, 1912, pp. 818-821.

고온 초전도체 발견

Bednorz, J.G., Muller, K.A., 《Possible high Tc superconductivity in the Ba–La–Cu–O system》, *Zeitschrift für Physik B Condensed Matter*, vol. 64, n° 2, 1986, pp. 189-193.

초전도성의 역사

Matricon, J., Waysand, G., *La Guerre du froid: une histoire de la supraconductivité*, Le Seuil, 1994.

Ford, P.J., Saunders, G.A., *The Rise of the Superconductors*, CRC Press, 2004.

Holton, G., Chang, H., Jurkowitz, E., 《How a scientific discovery is made: a case history》, *American Scientist*, vol. 84, n° 4, 1996, pp. 364-375.

Van Delft, D., 《Freezing Physics: Hieke Kamerlingh Onnes and the Quest for Cold》, *Koninklijke Nederlandse Akademie van Wetenschappen*, 2007.

압력을 가해 초전도체 만들기

Ashcroft, N.W., 《Metallic hydrogen: A high-temperature superconductor?》, *Physical Review Letters*, vol. 21, n° 26, 1968.

Drozdov, A.P., *et al.*, 《Conventional superconductivity at 203 kelvin at high pressures in the sulfur hydrid system》, *Nature*, vol. 525, n° 7567, 2015, p. 73.

Somayazulu, M., *et al.*, 《Evidence for superconductivity above 260 K in lanthanum superhydride at megabar pressures》, *Physical Review Letters*, vol. 122, n° 2, 2019.

Loubeyre, P., Occelli, F., Dumas, P., 《Synchrotron infrared spectroscopic evidence of the probable transition to metal hydrogen》, *Nature*, vol. 577, 2020, pp. 631-635.

CHAPTER 13 당신의 컴퓨터 속 고양이들: 양자 컴퓨터

양자 시뮬레이션을 제안한 파인먼의 논문

Feynman, R.P., 《Simulating physics with computers》, *International Journal of Theoretical Physics*, vol. 21, n° 6, 1982, pp. 467-488.

양자 우위

Arute, F., *et al.*, 《Quantum supremacy using a programmable superconducting processor》, *Nature*, vol. 574, n° 7779, 2019, pp. 505-510.

분자의 양자 시뮬레이션

Reiher, M., *et al.*, 《Elucidating reaction mechanisms on quantum computers》, *Proceedings of the National Academy of Sciences*, vol. 114, n° 29, 2017, pp. 7555-7560.

목록에서 선별을 위한 양자 알고리즘

Grover, L.K., 《Quantum mechanics helps in searching for a needle in a haystack》, *Physical Review Letters*, vol. 79, n° 2, 1997, p. 325.

양자 컴퓨터에 대한 미국 및 프랑스 보고서

《Quantum computing: progress and prospects》, *National Academies of Sciences, Engineering, and Medicine*, National Academies Press, 2019.

Rapport de la députée Paula Forteza, 《Quantique, le virage technologique que la France ne ratera pas》, 2020, accessible sur le site Internet de la députée.

CHAPTER 14 양자물리학과 우리: 양자물리학이 생물, 미래 그리고 우리에게 미치는 영향

태양광 전지에 대하여

Semonin, O.E., *et al.*, 《Peak external photocurrent quantum efficiency exceeding 100 % via MEG in a quantum dot solar cell》, *Science*, vol. 334, n° 6062, 2011, pp. 1530-1533.

Gratzel, M., 《The light and shade of perovskite solar cells》, *Nature Materials*, vol. 13, n° 9, 2014, p. 838.

Einzinger, M., *et al.*, *Nature,* vol. 571, 2019, p. 90.

열전 재료에 대하여

Urban, J., *et al.*, 《New horizons in thermoelectric materials》, *Journal of Applied Physics*, vol. 125, 2019.

양자생물학에 대하여

Lambert, N., *et al.*, 《Quantum biology》, *Nature Physics*, vol. 9, 2012, p. 10.

Al-Khalili, J., *Life on the Edge. The Coming of Age of Quantum Biology*, Crown Publishers, 2014.

광합성에 대하여

Engel, G.S., *et al.*, 《Evidence for wavelike energy transfer through quantum coherence in photosynthetic systems》, *Nature*, vol. 446, 2007, pp. 782-786.

Lee, J., *et al.*, 《Coherence dynamics in photosynthesis: Protein protection of excitonic coherence》, *Science*, vol. 316, 2007, pp. 1462-1465.

Collini, E., *et al.*, 《Coherently wired light-harvesting in photosynthetic marine algae at ambient temperature》, *Nature*, vol. 463, 644-648, 2010.

울새의 이동에 대하여

Wiltschko, W., *et al.*, 《Magnetic compass of european robins》, *Science*, vol. 176, 1972, pp. 62-64.

Schulten, K., *et al.*, 《A biomagnetic sensory mechanism based on magnetic field modulated coherent electron spin motion》, *Z. Phys. Chem,* vol. 111, 1978, pp. 1-5.

다이아몬드 'NV 센터'에 대하여

Awschalom, D., *et al.*, 《The Diamond age of spintronics》, *Scientific American*, vol. 297, n° 4, 2007, pp. 84-91.

찾아보기